버스운전 자격시험

3일만에 끝내기

[핵심이론 + 핵심문제 + 실전모의고사]

교통자격시험연구회

KB182269

8절
확대판

예문사

머리말

많은 자격시험들이 그렇듯 버스운전자격시험 역시 '**문제은행식**'으로 출제됩니다. 다시 말해 출제되는 문제들은 이미 정해져 있고 각 시험 때마다 이 문제들 중에서 추려지게 되는 것입니다. 때문에 용어나 이론에 대한 기본적인 정리 후에는 그동안 출제되었던 문제들을 충분히 공부하는 것이 시험의 당락을 결정짓게 됩니다.

이 책은 바로 이러한 점에 착안하여 문제은행에 있는 모든 문제들을 가장 효과적으로 공부할 수 있도록 기획되었습니다. 사실 기존의 시험 대비 문제집들은 이론을 바탕으로 한 예상문제들에 치중되어 있어 학습한 것들이 실전에서 잘 발휘되지 않는 아쉬움이 있었습니다. 더욱이 문제에 대한 해설 역시 지나치게 이론적이고 방만하여 짧은 시간에 정말 필요한 내용만 공부하는 데는 부족한 면이 없지 않았습니다.

따라서 책을 기획하면서 이러한 문제점과 아쉬움을 극복하고 무엇보다 '**단번에 시험합격**'이라는 목적을 분명히 하고 이에 최적화된 내용 구성과 편집 형태를 모색하였습니다. 따라서 지루한 서술식의 이론 설명은 과감히 발라내고 용어와 중요 이론에 대한 최대한의 요약 정리, 문제에서 즉시 정답을 풀어낼 수 있는 풀이 위주로 정리하여 문제를 읽으면서 바로 정답풀이에 접근할 수 있도록 하였습니다.

버스운전자격시험은 공학이론 및 법규, 서비스 분야 등 다양한 지식을 요구하므로 무엇보다 효과적인 접근이 필요합니다. 먼저 핵심이론으로 간단하게 내용을 정리하고 이어지는 핵심문제 및 실전모의고사를 통해 필요한 내용만 기억하면서 풀이의 노하우를 습득할 수 있을 것입니다.

시험을 준비하는 모든 분들의 도전에 응원을 보내며, 이 책이 그 도전의 과정에서 요긴한 도움이 되어 시간과 노력의 낭비 없이 원하는 자격시험 합격에 이를 수 있기를 기원합니다.

교통자격시험연구회

자격증 소개 및 취득방법

버스운전자격시험이란?
여객자동차 운수사업법령이 개정 · 공포('12년 2월 1일)됨에 따라 노선 여객자동차 운송사업(시내 · 농어촌 · 마을 · 시외), 전세버스 운송사업 또는 특수여객자동차 운송사업의 사업용 버스 운전업무에 종사하려는 운전자는 '12년 8월 2일부터 시행되는 버스운전 자격제도시험에 합격 후 버스운전 자격증을 취득하여야 함

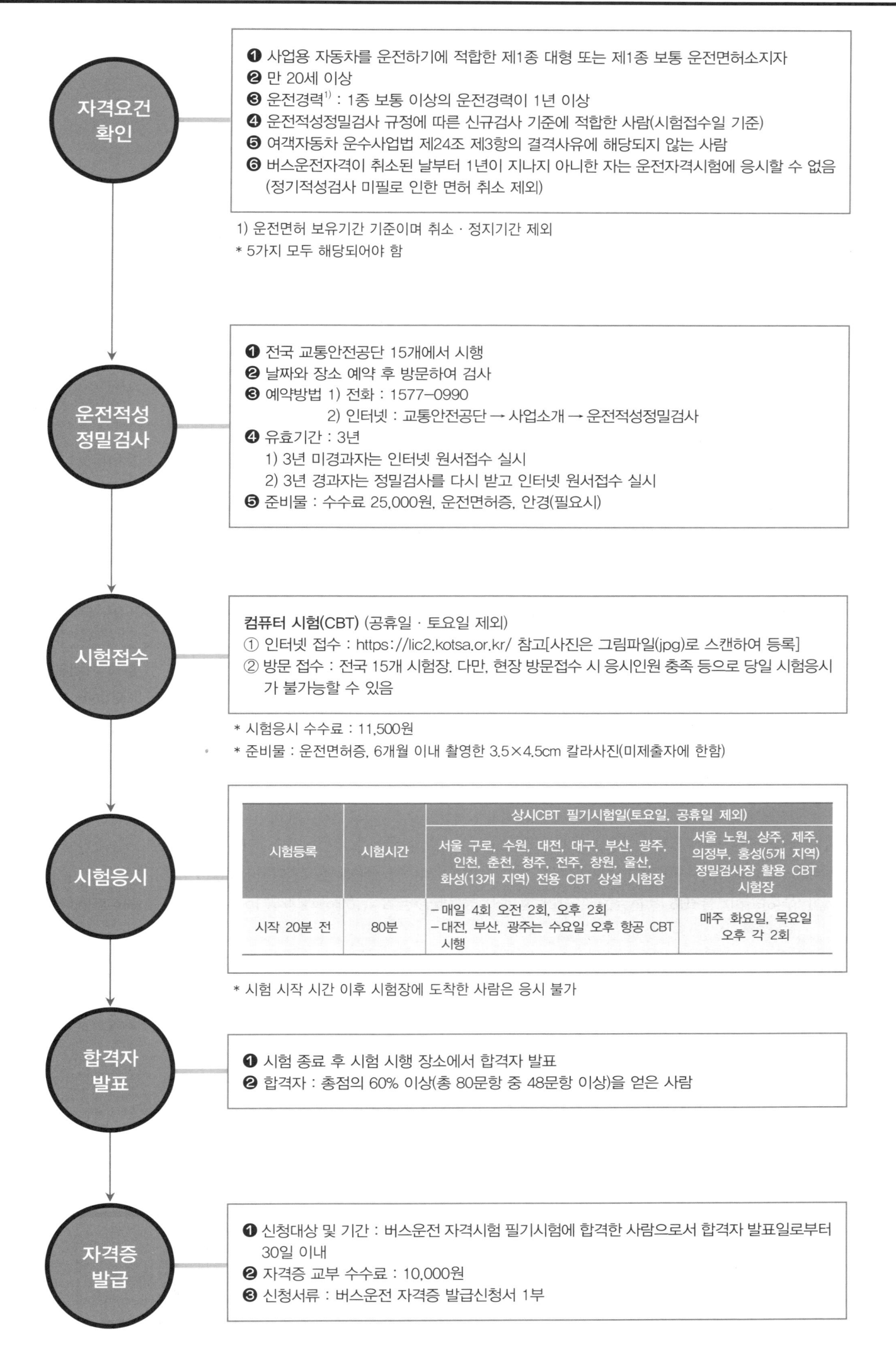

자격요건 확인

❶ 사업용 자동차를 운전하기에 적합한 제1종 대형 또는 제1종 보통 운전면허소지자
❷ 만 20세 이상
❸ 운전경력1) : 1종 보통 이상의 운전경력이 1년 이상
❹ 운전적성정밀검사 규정에 따른 신규검사 기준에 적합한 사람(시험접수일 기준)
❺ 여객자동차 운수사업법 제24조 제3항의 결격사유에 해당되지 않는 사람
❻ 버스운전자격이 취소된 날부터 1년이 지나지 아니한 자는 운전자격시험에 응시할 수 없음
   (정기적성검사 미필로 인한 면허 취소 제외)

1) 운전면허 보유기간 기준이며 취소 · 정지기간 제외
* 5가지 모두 해당되어야 함

운전적성 정밀검사

❶ 전국 교통안전공단 15개에서 시행
❷ 날짜와 장소 예약 후 방문하여 검사
❸ 예약방법 1) 전화 : 1577-0990
           2) 인터넷 : 교통안전공단 → 사업소개 → 운전적성정밀검사
❹ 유효기간 : 3년
   1) 3년 미경과자는 인터넷 원서접수 실시
   2) 3년 경과자는 정밀검사를 다시 받고 인터넷 원서접수 실시
❺ 준비물 : 수수료 25,000원, 운전면허증, 안경(필요시)

시험접수

컴퓨터 시험(CBT) (공휴일 · 토요일 제외)
① 인터넷 접수 : https://lic2.kotsa.or.kr/ 참고[사진은 그림파일(jpg)로 스캔하여 등록]
② 방문 접수 : 전국 15개 시험장. 다만, 현장 방문접수 시 응시인원 충족 등으로 당일 시험응시
   가 불가능할 수 있음

* 시험응시 수수료 : 11,500원
* 준비물 : 운전면허증, 6개월 이내 촬영한 3.5×4.5cm 칼라사진(미제출자에 한함)

시험응시

시험등록	시험시간	상시CBT 필기시험일(토요일, 공휴일 제외)	
		서울 구로, 수원, 대전, 대구, 부산, 광주, 인천, 춘천, 청주, 전주, 창원, 울산, 화성(13개 지역) 전용 CBT 상설 시험장	서울 노원, 상주, 제주, 의정부, 홍성(5개 지역) 정밀검사장 활용 CBT 시험장
시작 20분 전	80분	- 매일 4회 오전 2회, 오후 2회 - 대전, 부산, 광주는 수요일 오후 항공 CBT 시행	매주 화요일, 목요일 오후 각 2회

* 시험 시작 시간 이후 시험장에 도착한 사람은 응시 불가

합격자 발표

❶ 시험 종료 후 시험 시행 장소에서 합격자 발표
❷ 합격자 : 총점의 60% 이상(총 80문항 중 48문항 이상)을 얻은 사람

자격증 발급

❶ 신청대상 및 기간 : 버스운전 자격시험 필기시험에 합격한 사람으로서 합격자 발표일로부터
   30일 이내
❷ 자격증 교부 수수료 : 10,000원
❸ 신청서류 : 버스운전 자격증 발급신청서 1부

* 예문사 홈페이지에서 OMR 카드를 다운받으실 수 있습니다.
* 시험일정 및 관련사항은 추후 변동될 수 있으니 시험 직전 확인해 보시기 바랍니다.

목차

과목별 핵심이론 및 핵심문제

01 교통, 운수 관련 법규 및 교통사고 유형 ········ 9
02 자동차관리요령 ································· 42
03 안전운행요령 ································· 58
04 운송서비스 ································· 81

실전모의고사

01 실전모의고사 1회 ································· 97
02 실전모의고사 2회 ································· 114
03 실전모의고사 3회 ································· 131
04 실전모의고사 4회 ································· 148
05 실전모의고사 5회 ································· 164

MEMO

PART
01

과목별 핵심이론 및 핵심문제

01 교통, 운수 관련 법규 및 교통사고 유형
02 자동차관리요령
03 안전운행요령
04 운송서비스

01 교통, 운수 관련 법규 및 교통사고 유형

핵심 이론

01 관할관청 : 관할이 정해지는 국토교통부장관, 대도시권광역교통위원회나 특별시장·광역시장·특별자치시장·도지사 또는 특별자치도지사

02 운행계통 : 노선의 기·종점과 그 기·종점 간의 운행경로·거리·횟수 및 대수를 총칭한 것

03 노선 : 자동차를 정기적으로 운행하거나 운행하려는 구간

04 정류소 : 여객이 승차 또는 하차할 수 있도록 노선 사이에 설치한 장소

05 여객자동차 운송사업 : 다른 사람의 수요에 응하여 자동차를 사용하여 유상으로 여객을 운송하는 사업

06 여객자동차 운송사업의 종류
- 노선 여객자동차 운송사업 : 시내버스 운송사업, 농어촌버스 운송사업, 마을버스 운송사업, 시외버스 운송사업
- 구역 여객자동차 운송사업 : 전세버스 운송사업, 특수여객자동차 운송사업, 일반택시 운송사업, 개인택시 운송사업

07 전세버스 운송사업 : 운행계통을 정하지 아니하고 전국을 사업구역으로 정하여 1개의 운송계약에 따라 국토교통부령으로 정하는 자동차를 사용하여 여객을 운송하는 사업

08 농어촌버스 운송사업 : 주로 군(광역시의 군은 제외)의 단일 행정구역에서 운행계통을 정하고 국토교통부령으로 정하는 자동차를 사용하여 여객을 운송하는 사업

09 마을버스 운송사업 : 주로 시·군·구의 단일 행정구역에서 기점·종점의 특수성이나 사용되는 자동차의 특수성 등으로 인하여 다른 노선 여객자동차 운송사업자가 운행하기 어려운 구간을 대상으로 국토교통부령으로 정하는 기준에 따라 운행계통을 정하고 국토교통부령으로 정하는 자동차를 사용하여 여객을 운송하는 사업

10 시외버스 운송사업 : 운행계통을 정하고 국토교통부령으로 정하는 자동차를 사용하여 여객을 운송하는 사업. 고속형, 직행형, 일반형 시외버스로 구분

11 특수여객자동차 운송사업용 자동차의 특징
- 일반장의자동차 및 운구전용장의자동차로 구분
- 특수형 승합자동차 또는 승용자동차 사용

12 시외우등고속버스 : 고속형에 사용되며, 원동기 출력이 자동차 총 중량 1톤당 20마력 이상이고 승차정원이 29인승 이하인 대형승합자동차

13 한정면허 : 여객의 특수성 또는 수요의 불규칙성 등으로 노선 여객자동차 운송사업자가 운행하기 어려운 경우 공항, 고속철도, 대중교통 등 이용자의 교통 불편을 해소하기 위하여 허가하는 면허

14 운송사업자가 시·도지사에게 신규 채용한 운수종사자 명단을 알릴 때에는 운전면허의 종류와 취득 일자를 신규 채용일로부터 7일 이내에 알려야 한다.

15 버스운전자격시험 합격기준 : 4과목 총 100점 중 60점 이상 득점

16 여객자동차 운수종사자 과태료 부과기준
- 정당한 사유 없이 여객의 승차를 거부하거나 여객을 중도에 내리게 하는 경우
- 부당한 운임 또는 요금을 받는 경우
- 일정한 장소에 오랜 시간 정차하여 여객을 유치하는 경우
- 문을 완전히 닫지 아니한 상태에서 자동차를 출발시키거나 운행하는 경우
- 여객이 승하차하기 전에 자동차를 출발시키거나 승하차할 여객이 있는데도 정차하지 아니하고 정류소를 지나치는 행위
- 안내방송을 하지 아니하는 행위
- 여객자동차 운송사업용 자동차 안에서 흡연하는 행위
- 휴식시간을 준수하지 아니하고 운행하는 행위
- 그 밖에 안전운행과 여객의 편의를 위하여 운수종사자가 지키도록 국토교통부령으로 정하는 사항을 위반하는 행위

17 운전업무와 관련하여 버스운전자격증을 타인에게 대여한 경우 운전자격이 취소된다.

18 여객자동차 운수종사자 신규교육
- 최초 1회만 받음
- 16시간을 이수해야 함

19 6개월 이내의 기간 동안 자동차의 사용을 제한하거나 금지할 수 있는 경우
- 자가용자동차를 사용하여 여객자동차 운송사업을 경영한 경우
- 허가를 받지 아니하고 자가용자동차를 유상으로 운송에 사용하거나 임대한 경우

20 여객자동차의 차량충당연한의 기산일
- 제작연도에 등록된 경우 : 최초의 신규등록일
- 제작연도에 등록되지 않은 경우 : 제작연도의 말일

21 차고지가 아닌 곳에서 밤샘주차를 한 경우 과징금
- 시내버스, 농어촌버스, 마을버스, 시외버스 : 1차 위반 시 10만 원, 2차 위반 시 15만 원
- 전세버스, 특수여객자동차 : 1차 위반 시 20만 원, 2차 위반 시 30만 원

22 시내버스, 마을버스, 농어촌버스와 같이 하차문이 있는 노선버스는 압력감지기 또는 전자감응장치, 가속페달 잠금장치를 설치하고 정상 작동되는 상태에서 운행하여야 한다.

23 운송사업자가 운수종사자에게 여객의 좌석안전띠 착용에 관한 교육을 실시하지 않은 경우 과태료
- 1회 위반 시 : 20만 원
- 2회 위반 시 : 30만 원
- 3회 위반 시 : 50만 원

24 자동차전용도로 : 자동차만 다닐 수 있도록 설치된 도로

25 보도 : 연석선, 안전표지나 그와 비슷한 인공구조물로 경계를 표시하여 보행자가 통행할 수 있도록 한 도로의 부분

26 중앙선 : 차마의 통행 방향을 명확하게 구분하기 위하여 도로에 황색 실선이나 황색 점선 등의 안전표지로 표시한 선 또는 중앙분리대나 울타리 등으로 설치한 시설물

27 차도 : 연석선, 안전표지나 그와 비슷한 인공구조물을 이용하여 경계를 표시하여 모든 차가 통행할 수 있도록 설치된 도로의 부분

28 차로 : 차마가 한 줄로 도로의 정하여진 부분을 통행하도록 차선(車線)으로 구분한 차도의 부분

29 정차 : 운전자가 5분을 초과하지 아니하고 차를 정지시키는 것으로서 주차 외의 정지상태

30 원동기장치자전거
- 자동차관리법에 따른 이륜자동차 가운데 배기량 125cc 이하의 이륜자동차(전기를 동력으로 하는 경우 최고정격출력 11kW 이하)
- 배기량 125cc 이하의 원동기를 단 차(전기를 동력으로 하는 경우에는 최고정격출력 11kW 이하)
- ※ 전기를 동력으로 하는 경우 도로교통법(시행 2021.1.12.) 제2조 제19호에 의해 '최고정격출력 11kW 이하'로 규정되어있으나, 한국교통안전공단 수험용 참고자료에는 이전 개정 법령인 '정격출력 0.59kW 미만'으로 표시되어 있으므로 참고한다.

31 서행 : 운전자가 차를 즉시 정지시킬 수 있는 정도의 느린 속도로 진행하는 것

32 운전 : 도로에서 차마를 그 본래의 사용방법에 따라 사용하는 것(조종을 포함)

33 안전표지의 종류
- 주의표지 : 도로상태가 위험하거나 도로 또는 그 부근에 위험물이 있는 경우에 필요한 안전조치를 할 수 있도록 이를 도로사용자에게 알리는 표지
- 규제표지 : 도로교통의 안전을 위하여 각종 제한·금지 등의 규제를 하는 경우에 이를 도로사용자에게 알리는 표지
- 지시표지 : 도로의 통행방법·통행구분 등 도로교통의 안전을 위하여 필요한 지시를 하는 경우에 도로사용자가 이에 따르도록 알리는 표지
- 보조표지 : 주의표지·규제표지 또는 지시표지의 주기능을 보충하여 도로사용자에게 알리는 표지
- 노면표시 : 도로교통의 안전을 위하여 각종 주의·규제·지시 등의 내용을 노면에 기호·문자 또는 선으로 도로사용자에게 알리는 표지

34 보행자의 횡단방법
- 횡단보도가 설치되어 있지 아니한 도로에서는 가장 짧은 거리로 횡단하여야 한다.
- 안전표지 등에 의하여 횡단이 금지되어 있는 도로의 부분에서는 그 도로를 횡단하여서는 아니 된다.
- 큰 동물을 몰고 가는 사람은 차도의 우측을 이용하여 통행할 수 있다.
- 지체장애인의 경우에는 다른 교통에 방해가 되지 아니하는 방법으로 도로 횡단시설을 이용하지 아니하고 도로를 횡단할 수 있다.

35 최고속도의 100분의 20을 줄인 속도로 운행하여야 하는 경우
- 노면이 젖어 있는 경우
- 눈이 20mm 미만 쌓인 경우

36 최고속도의 100분의 50을 줄인 속도로 운행하여야 하는 경우
- 폭우·폭설·안개 등으로 가시거리가 100m 이내인 경우
- 노면이 얼어붙은 경우
- 눈이 20mm 이상 쌓인 경우

37 안전거리 : 앞차가 갑자기 정지하게 되는 경우 추돌사고를 피하는 데 필요한 거리

38 제동거리 : 차량이 제동되기 시작하여 정지될 때까지 주행한 거리

39 공주거리 : 운전자가 위험을 느끼고 브레이크 페달을 밟아 실제로 자동차가 제동되기 전까지 주행한 거리

40 시인거리 : 육안으로 물체를 알아볼 수 있는 거리

41 앞지르기 방법
- 다른 차를 앞지르려면 앞차의 좌측으로 통행하여야 한다.
- 앞지르기 전에 반대방향의 교통과 앞차 앞쪽의 교통에도 주의를 충분히 기울여야 한다.
- 앞차의 속도·진로와 그 밖의 도로 상황에 따라 방향지시기·등화 또는 경음기를 사용하는 등 안전한 속도와 방법으로 앞지르기를 하여야 한다.
- 앞지르기를 하는 차가 있을 때에는 속도를 높여 경쟁하거나 그 차의 앞을 가로막는 등의 방법으로 앞지르기를 방해하여서는 아니 된다.

42 모든 차의 운전자는 교차로나 그 부근에서 긴급자동차가 접근하는 경우에 교차로를 피하여 도로의 우측 가장자리에 일시정지한다.

43 주정차 금지장소
- 교차로의 가장자리 또는 도로의 모퉁이로부터 5m 이내인 곳
- 건널목의 가장자리 또는 횡단보도로부터 10m 이내인 곳
- 안전지대가 설치된 도로에서는 그 안전지대의 사방으로부터 각각 10m 이내인 곳

44 자동차 운전이 금지되는 약물 : 흥분 · 환각 또는 마취의 작용을 일으키는 유해화학물질 및 환각물질

45 차량을 일시정지하여야 하는 경우
- 어린이가 도로상에서 활동하여 교통사고 위험이 있음을 인지하였을 때
- 시각장애인이 도로를 횡단하고 있을 때
- 지체장애인이나 노인 등 교통약자가 도로를 횡단하고 있을 때

46 운전자가 휴대용 전화를 사용할 수 있는 경우
- 자동차 · 원동기장치자전거 · 노면전차가 정지하고 있는 경우
- 긴급자동차를 운전하는 경우
- 각종 범죄 및 재해 신고 등 긴급한 필요가 있는 경우
- 안전운전에 장애를 주지 아니하는 장치로서 대통령령으로 정하는 장치를 이용하는 경우

47 어린이통학버스
- 승차정원 9인승 이상의 자동차에 한한다.
- 어린이통학버스는 황색으로 규정되어 있다.

48 고속도로 및 자동차전용도로에서의 금지행위
- 횡단, 유턴, 후진 금지
- 갓길 통행금지
- 정차 및 주차 금지

49 특별교통안전교육의 종류
- 특별교통안전 의무교육 : 음주운전교육, 배려운전교육, 법규준수교육(의무)
- 특별교통안전 권장교육 : 법규준수교육(권장), 벌점감경교육, 현장참여교육, 고령운전교육

50 배려운전교육
- 대상 : 보복운전이 원인이 되어 운전면허효력 정지 또는 운전면허 취소처분을 받은 사람
- 방법 : 강의 · 시청각 · 토의 · 검사 · 영화상영 등
- 교육과목 및 내용 : 스트레스 관리, 분노 및 공격성 관리, 공감능력 향상, 보복운전과 교통안전 등

51 음주운전으로 사람을 사상한 후, 사상자를 구호하거나 신고하지 않아 운전면허가 취소된 경우 취소된 날부터 5년이 지나야 운전면허를 받을 수 있다.

52 제1종 대형면허 또는 제1종 특수면허 응시요건
- 19세 이상
- 운전경험 1년 이상

53 운전 중 휴대용 전화 사용 시 벌점 : 15점

54 누산점수 : 위반 · 사고 시의 벌점을 누적하여 합산한 점수에서 상계치(무위반 · 무사고 기간 경과 시에 부여되는 점수 등)를 뺀 점수

55 처분벌점 : 구체적인 법규위반 · 사고야기에 대하여 앞으로 정지처분기준을 적용하는 데 필요한 벌점

56 운전면허 취소처분 시 감경 사유에 해당하는 경우 : 처분벌점을 110점으로 처리

57 교통사고 발생 후 72시간 이내에 사망한 인적 피해 교통사고의 경우 : 사망 1명마다 90점의 벌점 부과

58 범칙금
- 좌석안전띠 미착용 : 3만 원(승용차, 승합차)
- 신호 · 지시 위반 : 7만 원
- 고속도로 및 자동차전용도로에서 안전거리 미확보 : 5만 원
- 철길건널목 통과방법 위반 : 7만 원(벌점 30점 부과)

59 가중처벌을 받는 경우(특정범죄 가중처벌 등에 관한 법률 제5조의3~제5조의11)
- 음주 또는 약물의 영향으로 정상적인 운전이 곤란한 상태에서 자동차(원동기장치자전거를 포함한다)를 운전하여 사람을 상해에 이르게 한 사람은 1년 이상 15년 이하의 징역 또는 1천만원 이상 3천만원 이하의 벌금
- 음주 또는 약물의 영향으로 정상적인 운전이 곤란한 상태에서 자동차(원동기장치자전거를 포함한다)를 운전하여 사람을 사망에 이르게 한 사람은 무기 또는 3년 이상의 징역
- 사고운전자가 피해자를 구호하는 등의 조치를 하지 아니하고 도주하거나 사고 장소로부터 옮겨 유기하고 도주한 경우, 위험운전 치사상의 경우에는 가중처벌

60 노면표시의 기본색상
- 황색 : 반대방향의 교통류분리 또는 도로이용의 제한 및 지시(중앙선표시, 노상장애물 중 도로중앙장애물표시, 주차금지표시, 정차 · 주차금지표시 및 안전지대표시)

- 청색 : 지정방향의 교통류분리표시(버스전용차로표시 및 다인승차량 전용차선표시)
- 적색 : 어린이보호구역 또는 주거지역 안에 설치하는 속도제한표시의 테두리선
- 백색 : 동일 방향의 교통류분리 및 경계표시

61 중상해의 범위
- 생명유지에 불가결한 뇌 또는 주요장기의 중대한 손상
- 사지절단 등 신체 중요부분의 상실 · 중대변형
- 시각 · 청각 · 언어 · 생식기능 등 중요한 신체 기능의 영구 상실
- 사고 후유증으로 인한 중증의 정신장애 · 하반신 마비 등 완치 가능성이 없거나 희박한 중대질병

62 사람이 건물, 육교 등에서 추락하여 운행 중인 차량과 충돌 또는 접촉하여 사상한 경우에는 교통사고로 처리되지 않는다.

63 중앙선 침범을 적용할 수 없는 부득이한 경우
- 사고를 피하기 위해 급제동하다 중앙선을 침범한 경우
- 위험을 회피하기 위해 중앙선을 침범한 경우
- 제한속도를 준수하여 운행 중 빙판길 또는 빗길에서 미끄러져 중앙선을 침범한 경우

64 승합자동차의 속도위반 범칙금
- 20km/h 이하 속도위반 시 : 3만 원
- 20km/h 초과 40km/h 이하 속도위반 시 : 7만 원
- 40km/h 초과 60km/h 이하 속도위반 시 : 10만 원
- 60km/h 초과 속도위반 시 : 13만 원

65 철길건널목의 종류
- 1종 건널목 : 차단기, 건널목 경보기 및 교통안전표지가 설치되어 있는 경우
- 2종 건널목 : 건널목 경보기 및 교통안전표지가 설치되어 있는 경우
- 3종 건널목 : 교통안전표지만 설치되어 있는 경우

66 세발자전거를 타고 횡단보도를 건너는 어린이는 횡단보도 보행자로 인정된다.

67 도로교통법상 운전이 금지되는 술에 취한 상태의 기준은 운전자의 혈중알코올농도가 0.03% 이상인 경우이다.

68 교통사고 : 차의 교통으로 인하여 사람을 사상하거나 물건을 손괴하는 것

69 전복 : 차가 주행 중 도로 또는 도로 이외의 장소에 뒤집혀 넘어진 것

70 추락 : 차가 도로변 절벽 또는 교량 등 높은 곳에서 떨어진 것

71 충돌 : 차가 반대방향 또는 측방에서 진입하여 그 차의 정면으로 다른 차의 정면 또는 측면을 충격한 것

72 스키드마크 : 차의 급제동으로 인하여 타이어의 회전이 정지된 상태에서 노면에 미끄러져 생긴 타이어 마모흔적 또는 활주흔적

73 대형사고 : 3명 이상이 사망(교통사고 발생일부터 30일 이내)하거나 20명 이상의 사상자가 발생한 사고

74 앞차의 급정지 원인
- 정당한 급정지 : 신호 착각, 초행길, 전방상황 오인
- 과실 있는 급정지 : 주 · 정차 금지장소, 우측 도로변 승객 탑승, 전방사고 구경 목적

75 앞차가 후진하거나, 고의나 의도적으로 급정지하는 경우에는 운전자 과실로 인한 안전거리 미확보 사고가 성립하지 않는다.

76 차로의 종류
- 주행차로 : 주행할 때 통행하는 차로
- 가속차로 : 주행차로에 진입하기 위해 속도를 높이는 차로
- 감속차로 : 주행차로를 벗어나 고속도로에서 빠져나가기 위해 감속하는 차로
- 오르막차로 : 오르막 구간에서 저속 자동차를 다른 자동차와 분리하여 통행시키기 위하여 설치하는 차로

77 진로변경 또는 급차로변경 사고의 성립요건
- 도로에서 발생한 경우
- 옆 차로에서 진행 중인 차량이 갑자기 차로를 변경하여 불가항력적으로 충돌한 경우
- 사고 차량이 차로를 변경하면서 변경방향 차로 후방에서 진행하는 차량의 진로를 방해한 경우

78 아파트 주차장이나 유료주차장은 공로가 아니므로 도로교통법을 적용할 수 없다.

79 대로상에서 뒤에 있는 일정한 장소나 다른 길로 진입하기 위해 상당한 구간을 계속 후진하다가 정상진행 중인 차량과 충돌한 경우는 통행구분 위반사고로 본다.

80 난폭운전 : 급격한 차로변경, 핸들 급조작, 지그재그 운행, 급진입 운전 등

81 안전운전 불이행 사고의 성립요건
- 장소적 요건
- 피해자 요건
- 운전자 과실

핵심문제 01

여객자동차 운수사업법령과 관련된 용어의 정의로 옳은 것은?

① 관할관청 : 자격시험 시행기관

② 운행계통 : 노선의 기점에서 대기하고 있는 차량대수

③ 노선 : 자동차를 정기적으로 운행하거나 운행하려는 구간

④ 여객자동차 운송사업 : 다른 사람의 공급에 응하여 자동차를 사용하여 무상으로 여객을 운송하는 사업

해설
① 관할관청 : 관할이 정해지는 국토교통부장관이나 특별시장 · 광역시장 · 특별자치시장 · 도지사 또는 특별자치도지사
② 운행계통 : 노선의 기종점과 그 기종점 간의 운행경로 · 거리 · 횟수 및 대수를 총칭한 것
④ 여객자동차 운송사업 : 다른 사람의 수요에 응하여 자동차를 사용하여 유상으로 여객을 운송하는 사업

핵심문제 02

여객자동차 운수사업법령에서 여객이 승차 또는 하차할 수 있도록 노선 사이에 설치한 장소를 무엇이라 정의하는가?

① 정거장   ② 주차장
③ 정차장   ④ 정류소

해설
여객이 승차 또는 하차할 수 있도록 노선 사이에 설치한 장소를 정류소라고 한다.

핵심문제 03

여객자동차 운수사업법령상 자동차를 정기적으로 운행하거나 운행하려는 구간이란 무엇에 대한 정의인가?

① 여객운송   ② 노선
③ 운행계통   ④ 관할구간

해설
자동차를 정기적으로 운행하거나 운행하려는 구간을 노선이라고 한다.

핵심문제 04

다른 사람의 수요에 응해 자동차를 사용하여 유상으로 여객을 운송하는 사업을 말하는 것은?

① 화물자동차 운송사업   ② 여객자동차 운송사업
③ 여객운송부가서비스   ④ 여객자동차터미널사업

해설
다른 사람의 수요에 응해 자동차를 사용하여 유상으로 여객을 운송하는 사업을 여객자동차 운송사업이라고 한다.

핵심문제 05

노선에 대한 정의로 맞는 것은?

① 자동차를 정기적으로 운행하거나 운행하려는 구간

② 자동차를 임시적으로 운행하거나 운행하려는 구간

③ 자동차를 정기적으로 주차하려는 시점이나 종점

④ 자동차를 임시적으로 주차하려는 시점이나 종점

해설
노선이란 자동차를 정기적으로 운행하거나 운행하려는 구간을 말한다(여객자동차 운수사업법 시행령 제2조 제1호).

정답   01 ③   02 ④   03 ②   04 ②   05 ①

핵심문제 06

회사나 학교와 운송계약을 체결하여 그 소속원만의 통근·통학 목적으로 자동차를 운행하는 사업이 포함되는 운송사업은?

① 마을버스
② 시내버스
③ 전세버스
④ 특수여객자동차

해설
전세버스 운송사업은 운행계통을 정하지 아니하고 전국을 사업구역으로 정하여 1개의 운송계약에 따라 국토교통부령으로 정하는 자동차를 사용하여 여객을 운송하는 사업이다.

핵심문제 07

다음 중 운행계통을 정하지 아니하고 전국을 사업구역으로 하여 1개의 운송계약에 따라 승차정원 16인승 이상의 승합자동차를 사용하여 여객을 운송하는 사업은?

① 전세버스 운송사업
② 농어촌버스 운송사업
③ 마을버스 운송사업
④ 시외버스 운송사업

해설
여객자동차 운송사업의 종류(여객자동차 운수사업법 시행령 제3조)
• 노선 여객자동차 운송사업 : 시내버스 운송사업, 농어촌버스 운송사업, 마을버스 운송사업, 시외버스 운송사업
• 구역 여객자동차 운송사업 : 전세버스 운송사업, 특수여객자동차 운송사업, 일반택시 운송사업, 개인택시 운송사업

핵심문제 08

여객자동차 운송사업에 사용되는 승합자동차의 차량이 다른 것은?

① 시외버스 운송사업용
② 특수여객자동차 운송사업용
③ 시내버스 운송사업용
④ 수요응답형 운송사업용

해설
특수여객자동차 운송사업에 사용되는 승합자동차는 특수형 승합자동차 또는 승용자동차이다.

핵심문제 09

시외우등고속버스에 사용되는 자동차는 원동기 출력이 자동차 총 중량 1톤당 몇 마력 이상이어야 하는가?

① 20마력
② 10마력
③ 5마력
④ 1마력

해설
시외우등고속버스는 고속형에 사용되며, 원동기 출력이 자동차 총 중량 1톤당 20마력 이상이고 승차정원이 29인승 이하인 대형승합자동차이다.

핵심문제 10

시내버스 운송사업의 운행형태 중에 시내좌석버스를 사용하고 주로 고속국도, 주간선도로 등을 이용하여 기종점에서 5km 이내에 위치한 각각 4개 이내의 정류소에 정차하고, 그 외의 지점에서는 정차하지 않는 운행형태는?

① 광역급행형
② 직행좌석형
③ 좌석형
④ 일반형

해설
광역급행형은 시내좌석버스를 사용하고 주로 고속국도, 주간선도로 등을 이용하여 기종점에서 5km 이내에 위치한 각각 4개 이내의 정류소에 정차하고, 그 외의 지점에서는 정차하지 않는 운행형태이다. 추가로, 관할관청이 인정하는 경우에 한하여 기점 및 종점으로부터 7.5km 이내에 위치한 각각 6개 이내의 정류소에 정차할 수 있다.

핵심문제 11

시외고속버스 또는 시외우등고속버스를 사용하여 운행거리가 100km 이상이고, 운행구간의 60% 이상을 고속국도로 운행하며, 기점과 종점의 중간에서 정차하지 아니하는 운행형태를 갖는 것은?

① 광역급행형 시외버스
② 고속형 시외버스
③ 직행형 시외버스
④ 일반형 시외버스

 고속형 시외버스에 대한 설명이다. 시외버스 운송사업은 고속형, 직행형, 일반형으로 구분된다.

핵심문제 12

여객의 특수성 또는 수요의 불규칙성 등으로 노선 여객자동차 운송사업자가 운행하기 어려운 경우 공항, 고속철도, 대중교통 등 이용자의 교통 불편을 해소하기 위하여 허가하는 면허를 무엇이라 하는가?

① 보통면허
② 특수면허
③ 대형면허
④ 한정면허

해설 ① 보통면허 : 1, 2종 면허로 종별로 운전할 수 있는 차량은 다르지만 일반적으로 승용자동차, 화물자동차 등을 운전할 수 있다.
② 특수면허 : 1종 면허로 대형견인차, 소형견인차, 구난차 등을 운전할 수 있다.
③ 대형면허 : 1종 면허로 승용자동차, 건설기계, 특수자동차, 원동기장치자전거 등을 운전할 수 있다.

핵심문제 13

특수여객자동차 운송사업용 자동차의 표시는?

① 일반
② 장의
③ 전세
④ 한정

해설 특수여객자동차 운송사업용 자동차는 장의로 표시한다(여객자동차 운수사업법 시행규칙 제39조 제1항 제4호).

핵심문제 14

운수종사자 현황 통보에 대한 설명으로 틀린 것은?

① 운송사업자는 매월 10일까지 전월 말일 현재의 운수종사자 현황을 시 · 도지사에게 알려야 한다.
② 해당 조합은 소속 운송사업자를 대신하여 소속운송사업자의 운수종사자 현황을 취합하여 통보할 수 있다.
③ 운송사업자가 시 · 도지사에게 퇴직한 운수종사자 명단을 알릴 때에는 운전면허의 종류와 취득 일자를 알려야 한다.
④ 시 · 도지사는 통보받은 운수종사자 현황을 취합하여 교통안전공단에 통보하여야 한다.

해설 운송사업자가 시 · 도지사에게 신규 채용한 운수종사자 명단을 알릴 때에는 운전면허의 종류와 취득 일자를 알려야 한다.

핵심문제 15

다음 중 운전적성정밀검사의 특별검사를 받아야 할 대상이 아닌 것은?

① 신규로 여객자동차 운송사업용 자동차를 운전하려는 자
② 과거 1년간 도로교통법 시행규칙 상의 운전면허 행정처분기준에 따라 계산한 누산점수가 81점 이상인 자
③ 중상 이상의 사상(死傷) 사고를 일으킨 자
④ 질병, 과로, 그 밖의 사유로 안전운전을 할 수 없다고 인정되는 자인지 알기 위하여 운송사업자가 신청한 자

해설 신규로 여객자동차 운송사업용 자동차를 운전하려는 자는 특별검사가 아니라 신규검사를 받아야 한다.

핵심문제 16

버스운전자격시험은 총 몇 과목으로 구성되어 있는가?

① 2과목

② 3과목

③ 4과목

④ 5과목

> **해설** 버스운전자격시험은 교통 · 운수 관련 법규 및 교통사고 유형(25문항), 자동차관리요령(15문항), 안전운전요령(25문항), 운송서비스(15문항)의 4과목으로 구성되어 있다.

핵심문제 17

버스운전자격시험의 필기시험 합격기준은?

① 필기시험 총점의 5할 이상

② 필기시험 총점의 6할 이상

③ 필기시험 총점의 7할 이상

④ 필기시험 총점의 8할 이상

> **해설** 버스운전자격시험의 필기시험은 4과목 총 100점 중 60점 이상을 얻어야 합격한다.

핵심문제 18

버스운전자격 효력정지의 처분기준을 적용할 때 위반행위의 동기 및 횟수 등을 고려하여 처분기준의 2분의 1 범위에서 경감하거나 가중할 수 있는 기관은?

① 교통안전공단

② 관할관청

③ 전국버스연합회

④ 전국버스공제조합

> **해설** 관할관청은 버스운전자격 효력정지의 처분기준을 적용할 때 위반행위의 동기 및 횟수 등을 고려하여 처분기준의 2분의 1 범위에서 경감하거나 가중할 수 있다.

핵심문제 19

다음 중 여객자동차 운수종사자에게 과태료를 부과할 수 있는 사항은?

① 승하차할 여객이 있는데도 정차하지 아니하고 정류소를 지나치는 행위

② 여객이 승차하기 전에 자동차를 출발시키지 아니하는 행위

③ 문을 완전히 닫은 상태에서 자동차를 운행하는 행위

④ 부당한 운임 또는 요금을 받지 않는 행위

> **해설** **과태료 부과기준(여객자동차 운수사업법 제94조 제3항 제4호)**
> • 정당한 사유 없이 여객의 승차를 거부하거나 여객을 중도에 내리게 하는 경우
> • 부당한 운임 또는 요금을 받는 경우
> • 일정한 장소에 오랜 시간 정차하여 여객을 유치하는 경우
> • 문을 완전히 닫지 아니한 상태에서 자동차를 출발시키거나 운행하는 경우
> • 여객이 승하차하기 전에 자동차를 출발시키거나 승하차할 여객이 있는데도 정차하지 아니하고 정류소를 지나치는 행위
> • 안내방송을 하지 아니하는 행위
> • 여객자동차 운송사업용 자동차 안에서 흡연하는 행위
> • 휴식시간을 준수하지 아니하고 운행하는 행위
> • 일정금액의 운송수입금 기준액을 정하여 납부하지 않을 것
> • 그 밖에 안전운행과 여객의 편의를 위하여 운수종사자가 지키도록 국토교통부령으로 정하는 사항을 위반하는 행위

핵심문제 20

운전업무와 관련하여 버스운전자격증을 타인에게 대여한 경우 운전자격 처분기준은?

① 자격정지 30일　　　　　　　　　② 자격정지 90일
③ 자격정지 180일　　　　　　　　④ 자격취소

해설　운전업무와 관련하여 버스운전자격증을 타인에게 대여한 경우 운전자격이 취소된다.

핵심문제 21

여객자동차 운송사업자는 새로 채용한 운수종사자에게 운전업무 시작 전 몇 시간 이상의 교육을 실시해야 하는가?

① 8시간　　　　　　　　　　　② 12시간
③ 16시간　　　　　　　　　　④ 24시간

해설　여객자동차 운송사업자는 새로 채용한 운수종사자에게 신규교육을 16시간 이상 실시해야 한다.

핵심문제 22

여객자동차 운수사업법령에 따라 자가용자동차를 운송용으로 제공하거나 임대할 수 있도록 허가하는 자가 아닌 것은?

① 군수　　　　　　　　　　　② 시장
③ 자치구청장　　　　　　　　④ 동장

해설　대중교통수단이 없는 지역 등 대통령령으로 정하는 사유에 해당하는 경우로서 시장·군수·구청장의 허가를 받은 경우 자가용자동차를 운송용으로 제공하거나 임대할 수 있다(여객자동차 운수사업법 제82조 제1항).

핵심문제 23

자가용자동차를 사용하여 여객자동차 운송사업을 경영한 경우 그 자동차의 사용을 제한하거나 금지할 수 있는 기간은?

① 3개월 이내　　　　　　　　② 6개월 이내
③ 12개월 이내　　　　　　　④ 18개월 이내

해설　시장·군수 또는 구청장은 자가용자동차를 사용하는 자가 다음에 해당하면 6개월 이내의 기간을 정하여 그 자동차의 사용을 제한하거나 금지할 수 있다(여객자동차 운수사업법 제83조 제1항).
　• 자가용자동차를 사용하여 여객자동차 운송사업을 경영한 경우
　• 허가를 받지 아니하고 자가용자동차를 유상으로 운송에 사용하거나 임대한 경우

핵심문제 24

제작연도에 등록되지 아니한 여객자동차의 차량충당연한의 기산일은?

① 최초의 신규등록일　　　　　② 제작연도의 말일
③ 차량 출고일　　　　　　　　④ 보험 개시일

해설　제작연도에 등록된 자동차는 최초의 신규등록일, 제작연도에 등록되지 아니한 자동차는 제작연도의 말일을 기산일로 한다.

핵심문제 25

다음 중 여객자동차 운송사업의 위반 내용 및 과징금 부과기준에 포함되는 내용이 아닌 것은?

① 운행하기 전에 점검 및 확인을 한 경우

② 앞바퀴에 재생타이어를 사용한 경우

③ 자동차 안에 게시하여야 할 사항을 게시하지 않은 경우

④ 운행기록계가 정상 작동하지 않는 상태에서 자동차를 운행한 경우

해설　운행하기 전에 점검 및 확인을 한 경우는 과징금 부과기준에 포함되지 않는다.

핵심문제 26

면허를 받거나 등록한 차고지를 이용하지 아니하고 차고지가 아닌 곳에서 밤샘주차를 한 경우 과징금 부과기준이 잘못된 것은?

① 시내버스 – 10만 원　　　　　　　　② 시외버스 – 10만 원

③ 전세버스 – 10만 원　　　　　　　　④ 마을버스 – 10만 원

해설　면허를 받거나 등록한 차고지를 이용하지 아니하고 차고지가 아닌 곳에서 밤샘주차를 한 경우 시내버스, 농어촌버스, 마을버스, 시외버스에는 10만 원, 전세버스, 특수여객자동차에는 20만 원의 과징금이 부과된다.

핵심문제 27

시내버스의 운임 및 요금에 대한 신고 또는 변경신고를 하지 않고 운송을 개시한 경우에 여객자동차 운송사업자에게 1차로 부과되는 과징금 금액은?

① 30만 원　　　　　　　　② 40만 원

③ 50만 원　　　　　　　　④ 60만 원

해설　시내버스, 농어촌버스, 마을버스의 운임 및 요금에 대한 신고 또는 변경신고를 하지 않고 운송을 개시한 경우 1차 40만 원의 과징금이 부과된다.

핵심문제 28

전자감응장치, 압력감지기 또는 가속페달 잠금장치를 설치하고 운영하여야 하는 운송사업자가 아닌 것은?

① 시내버스　　　　　　　　② 마을버스

③ 농어촌버스　　　　　　　　④ 전세버스

해설　시내버스, 마을버스, 농어촌버스와 같이 하차문이 있는 노선버스는 압력감지기 또는 전자감응장치, 가속페달 잠금장치를 설치하고 정상 작동되는 상태에서 운행하여야 한다. 전세버스는 노선버스가 아니다.

핵심문제 29

운송사업자가 운수종사자에게 여객의 좌석안전띠 착용에 관한 교육을 실시하지 않은 경우 1회 위반 시 과태료 부과 기준은?

① 3만 원　　　　　　　　② 5만 원

③ 10만 원　　　　　　　　④ 20만 원

해설　운송사업자가 운수종사자에게 여객의 좌석안전띠 착용에 관한 교육을 실시하지 않은 경우 1회 위반 시는 20만 원, 2회 위반 시는 30만 원, 3회 위반 시는 50만 원의 과태료가 부과된다.

정답　25 ①　26 ③　27 ②　28 ④　29 ④

핵심문제 30

다음 중 자동차전용도로에 대한 설명으로 올바른 것은?

① 자동차의 고속운행에만 사용하기 위하여 지정된 도로

② 자동차만 다닐 수 있도록 설치된 도로

③ 자동차와 자전거가 같이 다닐 수 있도록 설치된 도로

④ 자동차와 보행자, 자전거가 같이 다닐 수 있도록 설치된 도로

해설 도로교통법상 자동차전용도로란 자동차만 다닐 수 있도록 설치된 도로를 말한다.

핵심문제 31

연석선, 안전표지나 그와 비슷한 인공구조물로 경계를 표시하여 보행자가 통행할 수 있도록 한 도로의 부분을 뜻하는 것은?

① 중앙선   ② 차도

③ 차로   ④ 보도

해설 ① 중앙선 : 차마의 통행 방향을 명확하게 구분하기 위하여 도로에 황색 실선이나 황색 점선 등의 안전표지로 표시한 선 또는 중앙분리대나
울타리 등으로 설치한 시설물
② 차도 : 연석선, 안전표지나 그와 비슷한 인공구조물을 이용하여 경계를 표시하여 모든 차가 통행할 수 있도록 설치된 도로의 부분
③ 차로 : 차마가 한 줄로 도로의 정하여진 부분을 통행하도록 차선(車線)으로 구분한 차도의 부분

핵심문제 32

도로교통법상 몇 분을 초과하지 아니하고 차를 주차 외에 정지시키는 것을 정차라고 하는가?

① 5분   ② 10분

③ 15분   ④ 30분

해설 정차란 운전자가 5분을 초과하지 아니하고 차를 정지시키는 것으로서 주차 외의 정지 상태를 말한다(도로교통법 제2조 제25호).

핵심문제 33

다음 중 도로교통법상 정의가 잘못된 것은?

① 자동차관리법에 따른 이륜자동차 가운데 배기량이 125cc 이하인 이륜자동차는 자동차로 정의된다.

② 2톤의 지게차는 자동차로 정의된다.

③ 트럭적재식 천공기는 자동차이다.

④ 원동기장치자전거를 제외한 이륜자동차는 자동차에 포함된다.

해설 자동차관리법에 따른 이륜자동차 가운데 배기량이 125cc 이하인 이륜자동차는 원동기장치자전거로 정의된다.

핵심문제 34

다음 중 서행의 의미로 맞는 것은?

① 운전자가 차를 즉시 정지시킬 수 있는 정도의 느린 속도로 진행하는 것

② 반드시 차가 멈추어야 하되, 얼마간의 시간 동안 정지상태를 유지하는 교통 상황

③ 반드시 차가 일시적으로 그 바퀴를 완전히 멈추어야 하는 행위 자체

④ 자동차가 완전히 멈추는 상태

해설 서행이란 운전자가 차를 즉시 정지시킬 수 있는 정도의 느린 속도로 진행하는 것을 말한다(도로교통법 제2조 제28호).

핵심문제 35

도로에서 차마를 그 본래의 사용방법에 따라 사용하는 것(조종을 포함)을 의미하는 것은?

① 항행 ② 운행

③ 운항 ④ 운전

해설 운전이란 도로에서 차마를 그 본래의 사용방법에 따라 사용하는 것(조종을 포함)을 말한다(도로교통법 제2조 제26호).

핵심문제 36

도로의 통행방법, 통행구분 등 도로교통의 안전을 위하여 필요한 지시를 하는 경우에 도로사용자가 이에 따르도록 알리는 표지는?

① 주의표지 ② 규제표지

③ 보조표지 ④ 지시표지

해설 안전표지의 종류(도로교통법 시행규칙 제8조 제1항)
- 주의표지 : 도로상태가 위험하거나 도로 또는 그 부근에 위험물이 있는 경우에 필요한 안전조치를 할 수 있도록 이를 도로사용자에게 알리는 표지
- 규제표지 : 도로교통의 안전을 위하여 각종 제한 · 금지 등의 규제를 하는 경우에 이를 도로사용자에게 알리는 표지
- 지시표지 : 도로의 통행방법 · 통행구분 등 도로교통의 안전을 위하여 필요한 지시를 하는 경우에 도로사용자가 이에 따르도록 알리는 표지
- 보조표지 : 주의표지 · 규제표지 또는 지시표지의 주기능을 보충하여 도로사용자에게 알리는 표지
- 노면표시 : 도로교통의 안전을 위하여 각종 주의 · 규제 · 지시 등의 내용을 노면에 기호 · 문자 또는 선으로 도로사용자에게 알리는 표지

핵심문제 37

도로교통의 안전을 위하여 각종 제한 금지사항을 도로사용자에게 알리기 위한 안전표지는?

① 지시표지 ② 주의표지

③ 규제표지 ④ 노면표지

해설 규제표지에 대한 내용이다.

핵심문제 38

도로상태가 위험하여 운전자가 사전에 필요한 조치를 할 수 있도록 알리는 기능을 하는 안전표지는?

① 주의표지 ② 규제표지

③ 보조표지 ④ 노면표시

해설 주의표지에 대한 내용이다.

핵심문제 39

차량 신호등 중 녹색의 등화에 대한 의미로 옳지 않은 것은?

① 차마는 정지선 직전에서 정지하여야 한다. ② 차마는 직진할 수 있다.

③ 차마는 우회전할 수 있다. ④ 비보호좌회전표시가 있는 곳에서는 좌회전할 수 있다.

해설 차량 신호등 중 차마가 정지선 직전에서 정지하여야 하는 등화는 적색 등화이다.

핵심문제 40

보행자의 통행방법에 대한 설명으로 바르지 않은 것은?

① 소나 말 등의 큰 동물을 몰고 가는 사람은 보도로만 통행해야 한다.
② 보도와 차도가 구분된 도로에서는 보도로 통행한다.
③ 공사 등으로 보도 통행이 금지된 경우에는 보도로 통행하지 아니할 수 있다.
④ 보도와 차도가 구분되지 아니한 도로에서는 차마와 마주보는 방향의 길 가장자리로 통행한다.

해설 소나 말 등의 큰 동물을 몰고 가는 사람이나 행렬은 보행자의 통행에 지장을 줄 우려가 있으므로 차도의 우측으로 통행한다.

핵심문제 41

보행자의 도로 횡단방법으로 잘못된 것은?

① 보행자는 횡단보도를 횡단하거나 신호기 또는 경찰공무원 등의 신호나 지시에 따라 도로를 횡단하는 경우에는 차의 앞이나 뒤로 횡단이 가능하다.
② 보행자는 안전표지 등에 의하여 횡단이 금지되어 있어도 차량에 주의하면서 도로를 횡단할 수 있다.
③ 보행자는 횡단보도가 설치되어 있지 아니한 도로에서는 가장 짧은 거리로 횡단하여야 한다.
④ 지체장애인의 경우 다른 교통에 방해가 되지 아니하는 방법으로 도로 횡단시설을 이용하지 아니하고 도로를 횡단할 수 있다.

해설 보행자는 안전표지 등에 의하여 횡단이 금지되어 있는 도로의 부분에서는 그 도로를 횡단하여서는 아니 된다(도로교통법 제10조 제5항).

핵심문제 42

도로교통법에서 정하는 보행자의 도로횡단 방법 중 횡단보도가 설치되어 있지 아니한 도로에서 횡단하는 방법으로 올바른 것은?

① 도로의 중앙으로 횡단한다.
② 무조건 횡단보도가 있는 곳으로 이동하여 횡단한다.
③ 도로의 가장 짧은 거리로 횡단한다.
④ 도로의 가장 긴 거리로 횡단한다.

해설 보행자는 횡단보도가 설치되어 있지 아니한 도로에서는 가장 짧은 거리로 횡단하여야 한다(도로교통법 제10조 제3항).

핵심문제 43

보행자의 도로횡단에 대한 설명 중 옳지 않은 것은?

① 보행자는 안전표지 등에 의하여 횡단이 금지되어 있는 도로의 부분에서는 그 도로를 횡단하여서는 아니 된다.
② 지하도나 육교 등의 도로 횡단시설을 이용할 수 없는 지체장애인의 경우에도 반드시 도로 횡단시설을 이용하여 횡단하여야 한다.
③ 보행자는 모든 차의 바로 앞이나 뒤로 횡단하여서는 아니 된다.
④ 경찰공무원의 지시에 따라 도로를 횡단할 수 있다.

해설 지하도나 육교 등의 도로 횡단시설을 이용할 수 없는 지체장애인의 경우에는 다른 교통에 방해가 되지 아니하는 방법으로 도로 횡단시설을 이용하지 아니하고 도로를 횡단할 수 있다(도로교통법 제10조 제2항).

핵심문제 44

다음 중 보행자의 도로횡단 방법으로 올바르지 않은 것은?

① 보행자는 횡단보도, 지하도 그 밖의 도로 횡단시설이 설치되어 있는 도로에서는 그 곳으로 횡단하여야 한다.

② 보행자는 횡단보도가 설치되어 있지 아니한 도로에서는 가장 짧은 거리로 횡단하여야 한다.

③ 보행자는 모든 차의 바로 앞이나 뒤로 횡단하여서는 아니 된다.

④ 보행자는 안전표지 등에 의하여 횡단이 금지되어 있는 도로의 부분에서는 자신의 판단에 따라 횡단하여도 된다.

> **해설** 보행자는 안전표지 등에 의하여 횡단이 금지되어 있는 도로의 부분에서는 자신의 판단과는 별개로 그 도로를 횡단하지 않아야 한다.

핵심문제 45

도로교통법상 고속도로의 차로에 따른 통행차의 기준 내용으로 틀린 것은?

① 편도 2차로의 1차로 : 앞지르기를 하려는 모든 자동차

② 편도 2차로의 2차로 : 모든 자동차

③ 편도 3차로 이상의 1차로 : 앞지르기를 하려는 승용자동차, 경형·소형·중형 승합자동차

④ 편도 3차로 이상의 오른쪽 차로 : 승용자동차 및 경형·소형·중형 승합자동차

> **해설** 편도 3차로 이상의 오른쪽 차로는 대형 승합자동차, 화물자동차, 특수자동차, 건설기계가 통행할 수 있다. 승용자동차 및 경형·소형·중형 승합자동차는 편도 3차로 이상의 왼쪽 차로를 통행할 수 있는 차종이다.

핵심문제 46

강설 시 최고속도의 100분의 50을 줄인 속도로 운행하여야 하는 기준 적설량은?

① 눈이 5mm 이상 쌓인 경우　　　　　　② 눈이 10mm 이상 쌓인 경우

③ 눈이 20mm 이상 쌓인 경우　　　　　　④ 눈이 30mm 이상 쌓인 경우

> **해설** 최고속도의 100분의 50을 줄인 속도로 운행하여야 하는 경우
> • 폭우·폭설·안개 등으로 가시거리가 100m 이내인 경우
> • 노면이 얼어붙은 경우
> • 눈이 20mm 이상 쌓인 경우

핵심문제 47

운전자가 고속도로에서 앞지르기하고자 하는 경우 바람직한 앞지르기 방법은?

① 고속도로에서는 등화 또는 경음기의 사용을 자제해야 하며, 통행차의 기준에 따라 안전하게 통행한다.

② 방향지시기·등화 또는 경음기를 사용하여 우측 차로로 안전하게 통행한다.

③ 방향지시기·등화 또는 경음기를 사용하여 차로에 따른 통행차의 기준에 따라 왼쪽 차로로 안전하게 통행한다.

④ 주행차로에 관계없이 빈 차로로 안전하게 통행한다.

> **해설** 앞지르기 방법(도로교통법 제21조)
> • 다른 차를 앞지르려면 앞차의 좌측으로 통행하여야 한다.
> • 앞지르기 전에 반대방향의 교통과 앞차 앞쪽의 교통에도 주의를 충분히 기울여야 한다.
> • 앞차의 속도·진로와 그 밖의 도로 상황에 따라 방향지시기·등화 또는 경음기를 사용하는 등 안전한 속도와 방법으로 앞지르기를 하여야 한다.
> • 앞지르기를 하는 차가 있을 때에는 속도를 높여 경쟁하거나 그 차의 앞을 가로막는 등의 방법으로 앞지르기를 방해하여서는 아니 된다.

핵심문제 48

모든 차의 운전자는 같은 방향으로 가고 있는 앞차의 뒤를 따르는 경우에는 앞차가 갑자기 정지하게 되는 경우 그 앞차와의 추돌을 피할 수 있는 필요한 거리를 확보하여야 하는데, 이 거리를 무엇이라 하는가?

① 안전거리
② 제동거리
③ 공주거리
④ 시인거리

해설
② 제동거리 : 차량이 제동되기 시작하여 정지될 때까지 주행한 거리
③ 공주거리 : 운전자가 위험을 느끼고 브레이크 페달을 밟아 실제로 자동차가 제동되기까지 주행한 거리
④ 시인거리 : 육안으로 물체를 알아볼 수 있는 거리

핵심문제 49

다음 중 모든 차의 운전자가 다른 차를 앞지르지 못하며, 앞으로 끼어들지 못하는 경우가 아닌 것은?

① 도로교통법이나 여객자동차운수사업법에 따른 명령에 따라 정지하거나 서행하고 있는 차
② 경찰공무원의 지시에 따라 정지하거나 서행하고 있는 차
③ 이륜자동차 및 원동기장치자전거
④ 위험을 방지하기 위하여 정지하거나 서행하고 있는 차

해설
이륜자동차 및 원동기장치자전거는 앞지르기 금지조건에 해당하지 않는다.

핵심문제 50

모든 차의 운전자는 교차로나 그 부근에서 긴급자동차가 접근한 경우에 어떤 운행방법을 취하여야 하는가?

① 도로의 우측 가장자리에 일시정지한다.
② 도로의 좌측 가장자리에 정지한다.
③ 긴급자동차가 피해 갈 수 있도록 도로중앙을 이용해 서행한다.
④ 그 자리에서 정지한다.

해설
모든 차의 운전자는 교차로나 그 부근에서 긴급자동차가 접근하는 경우에 교차로를 피하여 도로의 우측 가장자리에 일시정지한다.

핵심문제 51

도로교통법상 긴급자동차에 대한 특례에 해당하지 않는 것은?

① 도로구조물의 파손
② 자동차의 속도제한(긴급자동차에 대하여 속도를 제한하는 경우는 제외)
③ 앞지르기 금지의 시기 및 장소
④ 끼어들기의 금지

해설
도로구조물 파손은 도로교통법상 긴급자동차에 대한 특례에 해당하지 않는다.

핵심문제 52

도로교통법에서 규정하는 정차 및 주차가 금지되는 곳의 기준은 횡단보도로부터 몇 m 이내인가?

① 5m 이내
② 10m 이내
③ 15m 이내
④ 20m 이내

해설
건널목의 가장자리 또는 횡단보도로부터 10m 이내인 곳에서는 차를 정차하거나 주차하여서는 아니 된다(도로교통법 제32조).

핵심문제 53

다음 중 정차 및 주차가 모두 금지되는 장소가 아닌 곳은?

① 터널 안 및 다리 위
② 교차로의 가장자리 또는 도로의 모퉁이로부터 5m 이내인 곳
③ 건널목의 가장자리 또는 횡단보도로부터 10m 이내인 곳
④ 안전지대가 설치된 도로에서는 그 안전지대의 사방으로부터 각각 10m 이내인 곳

해설 터널 안 및 다리 위는 주차만 금지되고 정차는 가능하다.

핵심문제 54

자동차의 운전자가 그 영향으로 인하여 운전이 금지되는 약물로서 흥분·환각 또는 마취의 작용을 일으키는 유해화학물질은 어떤 법령으로 정하는가?

① 보건복지부령
② 행정안전부령
③ 국토교통부령
④ 대통령령

해설 자동차 운전이 금지되는 약물은 흥분·환각 또는 마취의 작용을 일으키는 유해화학물질이며, 행정안전부령에서 규정하고 있다.

핵심문제 55

모든 운전자의 준수사항 중 일시정지하지 않아도 되는 경우는?

① 어린이가 도로상에서 활동하여 교통사고 위험이 있음을 인지하였을 때
② 어린이가 보호자와 함께 도로의 갓길을 따라 이동하고 있을 때
③ 시각장애인이 도로를 횡단하고 있을 때
④ 지체장애인이나 노인 등 교통약자가 도로를 횡단하고 있을 때

해설 어린이가 보호자 없이 도로를 횡단할 때, 도로에 앉아 있거나 서 있을 때, 도로에서 놀이를 할 때 등 어린이에 대한 교통사고의 위험이 있는 것을 발견한 경우에는 일시정지하여야 하지만, 보호자와 함께 도로의 갓길을 따라 이동하고 있을 때는 일시정지하지 않아도 된다.

핵심문제 56

다음 중 모든 운전자의 준수사항이 아닌 것은?

① 어린이가 보호자 없이 도로를 횡단하는 때에는 일시정지할 것
② 자동차를 급히 출발시키거나 속도를 급격히 높이지 아니할 것
③ 자동차가 정지하고 있을 때에도 휴대용 전화는 사용하지 아니할 것
④ 반복적이거나 연속적으로 경음기를 울리지 아니할 것

해설 **운전자가 휴대용 전화를 사용할 수 있는 경우**
• 자동차·원동기장치자전거·노면전차가 정지하고 있는 경우
• 긴급자동차를 운전하는 경우
• 각종 범죄 및 재해 신고 등 긴급한 필요가 있는 경우
• 안전운전에 장애를 주지 아니하는 장치로서 대통령령으로 정하는 장치를 이용하는 경우

정답 53 ① 54 ② 55 ② 56 ③

핵심문제 57

모든 운전자의 준수사항 등에 관한 내용이 아닌 것은?

① 운전자는 안전을 확인하지 아니하고 차의 문을 열거나 내려서는 아니 되며, 동승자가 교통의 위험을 일으키지 아니하도록 필요한 조치를 할 것

② 운전자는 승객이 차 안에서 안전운전에 현저히 방해가 될 정도로 춤을 추는 등 소란행위를 하도록 내버려두고 차를 운행하지 아니할 것

③ 운전자는 자동차가 정지하고 있는 경우 휴대용 전화를 사용하지 아니할 것

④ 운전자는 자동차를 급히 출발시키거나 속도를 급격히 높이는 행위를 하여 다른 사람에게 피해를 주는 소음을 발생시키지 아니할 것

해설 자동차 또는 원동기장치자전거가 정지하고 있는 경우, 긴급자동차를 운전하는 경우, 각종 범죄 및 재해 신고 등 긴급한 필요가 있는 경우에는 휴대용 전화를 사용할 수 있다(도로교통법 제49조 제1항 제10호).

핵심문제 58

어린이통학버스로 신고할 수 있는 자동차의 정원으로 맞는 것은?

① 승차정원 5인승 이상　　② 승차정원 7인승 이상
③ 승차정원 9인승 이상　　④ 승차정원 11인승 이상

해설 어린이통학버스로 신고할 수 있는 자동차는 승차정원 9인승 이상의 자동차이다.

핵심문제 59

어린이통학버스의 색상으로 맞는 것은?

① 황색　　② 흰색
③ 적색　　④ 청색

해설 어린이통학버스의 색상은 황색으로 규정되어 있다.

핵심문제 60

자동차의 운전자가 고속도로 또는 자동차전용도로에서 차를 정지하거나 주차할 수 없는 경우는?

① 경찰공무원의 지시에 따르거나 위험을 방지하기 위하여 일시 정차 또는 주차시키는 경우
② 고장이나 그 밖의 부득이한 사유로 길가장자리구역(갓길을 포함)에 정차 또는 주차시키는 경우
③ 버스가 승객의 요청으로 정차 또는 주차한 경우
④ 통행료를 내기 위하여 통행료를 받는 곳에서 정차하는 경우

해설 버스는 승객의 요청을 사유로 고속도로 또는 자동차전용도로에서 차를 정지하거나 주차할 수 없다.

핵심문제 61

고속도로 및 자동차전용도로에서의 금지행위에 해당하지 않는 것은?

① 갓길 통행금지　　② 긴급이륜자동차의 통행금지
③ 횡단 등의 금지　　④ 정차 및 주차의 금지

해설 도로교통법 제5장에는 갓길 통행금지, 횡단 등의 금지, 정차 및 주차의 금지가 규정되어 있다. 이륜자동차 중 긴급자동차의 경우 고속도로 등을 통행하거나 횡단할 수 있다.

핵심문제 62

고속도로 및 자동차전용도로에서의 횡단 등의 금지에 해당하지 않는 것은?

① 횡단
② 앞지르기
③ 유턴
④ 후진

해설 자동차의 운전자는 그 차를 운전하여 고속도로 등을 횡단하거나 유턴 또는 후진하여서는 아니 된다(도로교통법 제62조).

핵심문제 63

고속도로 및 자동차전용도로에서 금지사항으로 옳지 않은 것은?

① 횡단 등의 금지
② 경음기 등의 사용금지
③ 정차 등의 금지
④ 주차 등의 금지

해설 고속도로 및 자동차전용도로에서 경음기 등의 사용은 금지되어 있지 않다.

핵심문제 64

자동차의 운전자가 밤에 고장이나 그 밖의 사유로 고속도로 또는 자동차전용도로에서 자동차를 운행할 수 없게 되었을 때 표지를 설치해야 하는 위치는?

① 후방에서 접근하는 운전자가 확인할 수 있는 위치
② 운전자 자신이 가장 편하게 설치할 수 있는 위치
③ 보험회사 또는 견인차량이 확인하기 용이한 위치
④ 자동차 전방의 임의적인 위치

해설 자동차의 운전자가 밤에 고장이나 그 밖의 사유로 고속도로 또는 자동차전용도로에서 자동차를 운행할 수 없게 되었을 때, 그 자동차의 후방에서 접근하는 자동차의 운전자가 확인할 수 있는 위치에 표지를 설치하여야 한다.

핵심문제 65

다음 중 특별교통안전 권장교육과정에 해당하지 않는 것은?

① 배려운전교육
② 법규준수교육
③ 벌점감경교육
④ 현장참여교육

해설 배려운전교육은 특별교통안전 의무교육과정에 해당한다.

핵심문제 66

도로교통법 제73조 제2항에 해당하는 사람 중 보복운전이 원인이 되어 운전면허효력 정지 또는 운전면허 취소처분을 받은 사람이 교육대상자인 것은?

① 음주운전교육
② 법규준수교육
③ 고령운전교육
④ 배려운전교육

해설 배려운전교육에 대해 묻는 문제이다.

핵심문제 67

다음 중 교통안전교육과정에 해당되지 않는 것은?

① 교통질서
② 교통사고와 예방
③ 자동차운전의 기초이론
④ 자동차 관련 보험이론

해설 자동차 관련 보험이론은 교통안전교육과정에 해당하지 않는다. 교통안전교육의 과목 · 내용 · 방법 및 시간은 도로교통법 시행규칙 별표 16
에서 규정하고 있다.

핵심문제 68

도로교통 현장 관찰, 교통법규 위반별 사고 사례분석 및 토의 등의 교육으로서 법규준수교육을 받은 사람 중 교육받기를 원하
는 사람에게 실시하는 교육은?

① 고령운전교육
② 배려운전교육
③ 벌점감경교육
④ 현장참여교육

해설 현장참여교육에 대한 설명으로, 현장참여교육은 특별교통안전 권장교육 중 하나이다.

핵심문제 69

다음 교통안전교육 중 교육과목 및 내용에 스트레스 관리, 분노 및 공격성 관리, 공감능력 향상, 보복운전과 교통안전이 포함되
는 것은?

① 배려운전교육
② 음주운전교육
③ 법규준수교육
④ 현장참여교육

해설 배려운전교육의 교육과목 및 내용에는 스트레스 관리, 분노 및 공격성 관리, 공감능력 향상, 보복운전과 교통안전이 포함된다.

핵심문제 70

음주운전으로 사람을 사상한 후, 사상자를 구호하거나 신고하지 않아 운전면허가 취소된 경우 취소된 날부터 몇 년이 지나야
운전면허를 받을 수 있는가?

① 3년
② 4년
③ 5년
④ 6년

해설 음주운전으로 사람을 사상한 후, 사상자를 구호하거나 신고하지 않아 운전면허가 취소된 경우 취소된 날부터 5년이 지나야 운전면허를 받을
수 있다.

핵심문제 71

다음 중 특별교통안전 의무교육에 해당하는 것은?

① 법규준수교육
② 벌점감경교육
③ 현장참여교육
④ 고령운전교육

해설 **특별교통안전교육의 종류(도로교통법 시행규칙 별표 16)**
• 특별교통안전 의무교육 : 음주운전교육, 배려운전교육, 법규준수교육(의무)
• 특별교통안전 권장교육 : 법규준수교육(권장), 벌점감경교육, 현장참여교육, 고령운전교육

핵심문제 72

도로교통법령상 제1종 대형 또는 특수면허를 받을 수 있는 자격기준은?

① 제2종 면허 취득 후 운전경험이 1년 이상이고 19세 이상인 사람
② 제2종 면허 취득 후 운전경험이 3년 이상이고 19세 이상인 사람
③ 제2종 면허 취득 후 운전경험이 1년 이상이고 20세 이상인 사람
④ 제2종 면허 취득 후 운전경험이 3년 이상이고 20세 이상인 사람

해설   도로교통법령상 제1종 대형 또는 특수면허를 받으려면 제2종 면허 취득 후 운전경험이 1년 이상이고 19세 이상이어야 한다.

핵심문제 73

승차정원 16인 이상의 승합자동차를 운전할 수 있는 운전면허의 종류는?

① 제1종 대형면허   ② 제1종 보통면허
③ 제1종 특수면허   ④ 제2종 보통면허

해설   승차정원 16인 이상의 승합자동차를 운전하려면 제1종 대형면허가 필요하다.

핵심문제 74

운전 중 휴대용 전화 사용 시 주어지는 벌점은?

① 15점   ② 20점
③ 30점   ④ 60점

해설   운전 중 휴대용 전화 사용 시 15점의 벌점이 부과된다.

핵심문제 75

행정처분 기초자료로 활용하기 위하여 법규위반 또는 사고야기에 대하여 그 위반의 경중, 피해의 정도 등에 따라 배점되는 점수를 말하는 것은?

① 누산점수   ② 벌점
③ 처분벌점   ④ 기초점수

해설   ① 누산점수 : 위반·사고 시의 벌점을 누적하여 합산한 점수에서 상계치(무위반·무사고 기간 경과 시에 부여되는 점수 등)를 뺀 점수
       ③ 처분벌점 : 구체적인 법규위반·사고야기에 대하여 앞으로 정지처분기준을 적용하는 데 필요한 벌점

핵심문제 76

운전면허의 취소처분 시 감경 사유에 해당하는 사람은 처분벌점 또는 누산점수를 몇 점으로 감경하여 주는가?

① 120점   ② 110점
③ 90점   ④ 60점

해설   운전면허의 취소처분 시 감경 사유에 해당하는 사람은 처분벌점을 110점으로 한다.

핵심문제 77

도로교통법상 교통사고에 의한 사망으로 사망자 1명당 벌점 90점이 부과되는 것은 교통사고 발생 후 몇 시간 내 사망한 것을 말하는가?

① 72시간
② 60시간
③ 48시간
④ 24시간

해설 교통사고 발생 후 72시간 이내에 사망한 인적 피해 교통사고의 경우에는 사망자 1명당 벌점 90점이 부과된다.

핵심문제 78

운전면허가 취소되는 경우는?

① 교통사고를 일으켜서 중상을 입힌 경우
② 혈중알코올 농도가 0.01%인 상태에서 운전하여 사람을 다치게 한 경우
③ 혈중알코올 농도가 0.06%인 상태로 운전한 경우
④ 교통사고를 일으키고 구호조치를 하지 아니한 경우

해설 교통사고를 일으키고 구호조치를 하지 아니한 경우에는 운전면허가 취소된다.

핵심문제 79

처벌벌점 또는 1년간 누산점수 초과로 운전면허의 취소처분 시 감경 사유에 해당하는 사람은 처분벌점 또는 누산점수를 몇 점으로 감경하여 주는가?

① 120점
② 110점
③ 109점
④ 100점

해설 처벌벌점 또는 1년간 누산점수 초과로 운전면허의 취소처분 시 감경 사유에 해당하는 사람은 처분벌점 또는 누산점수를 110점으로 한다.

핵심문제 80

다음 중 좌석안전띠 미착용 시 주어지는 범칙금의 액수는?

① 3만 원
② 4만 원
③ 5만 원
④ 6만 원

해설 좌석안전띠 미착용 시 주어지는 범칙금은 승용차, 승합차 모두 3만 원이다.

핵심문제 81

다음 중 승합자동차의 경우 좌석안전띠 미착용 시 주어지는 범칙금액은?

① 1만 원
② 3만 원
③ 5만 원
④ 7만 원

해설 승합자동차의 경우 좌석안전띠 미착용 시 범칙금은 3만 원이다.

정답   77 ①   78 ④   79 ②   80 ①   81 ②

핵심문제 82

승합자동차 등의 속도위반과 관련한 범칙금액이 틀린 것은?

① 제한속도를 20km/h 이하로 넘긴 속도위반 : 5만 원

② 제한속도를 20km/h 초과 40km/h 이하로 넘긴 속도위반 : 7만 원

③ 제한속도를 40km/h 초과 60km/h 이하로 넘긴 속도위반 : 10만 원

④ 제한속도를 60km/h 초과한 속도위반 : 13만 원

해설 승합자동차가 제한속도를 20km/h 이하로 넘긴 속도위반의 경우 범칙금 3만 원이 부과된다(도로교통법 시행령 별표 8).

핵심문제 83

승합자동차 운전자의 범칙행위와 범칙금액이 잘못 연결된 것은?

① 교차로에서의 양보운전 위반 : 5만 원 ② 신호 · 지시 위반 : 5만 원

③ 운전 중 휴대용 전화 사용 : 7만 원 ④ 고속도로 · 자동차전용도로 안전거리 미확보 : 5만 원

해설 승합자동차 운전자가 신호 · 지시 위반 시에는 7만 원의 범칙금이 부과된다.

핵심문제 84

도로교통법령상 승합자동차가 고속도로에서 안전거리를 미확보했을 시 범칙금액은?

① 20만 원 ② 10만 원

③ 5만 원 ④ 3만 원

해설 승합자동차가 고속도로에서 안전거리 미확보 시 5만 원의 범칙금이 부과된다.

핵심문제 85

다음 중 승합자동차의 철길건널목 통과방법 위반에 따른 행정처분은?

① 범칙금 6만 원, 벌점 15점 ② 범칙금 7만 원, 벌점 30점

③ 범칙금 9만 원, 벌점 10점 ④ 범칙금 10만 원, 벌점 30점

해설 승합자동차의 철길건널목 통과방법 위반 시에는 범칙금 7만 원, 벌점 30점이 부과된다.

핵심문제 86

다음 중 주의표지는?

①

②

③

④ **구간시작** 200m

해설 ① 노면표시, ② 규제표지, ③ 주의표지, ④ 보조표지

핵심문제 87

다음 중 노면표시의 기본 색상에 대한 설명으로 틀린 것은?

① 황색은 반대방향의 교통류분리 또는 도로이용의 제한 및 지시

② 청색은 지정방향의 교통류분리표지

③ 적색은 어린이보호구역 또는 주거지역 안에 설치하는 속도제한 표시의 테두리선

④ 백색은 동일 방향의 경계표시 또는 도로이용의 제한

해설 **노면표시의 기본 색상**
- 황색 : 반대방향의 교통류분리 또는 도로이용의 제한 및 지시(중앙선표시, 노상장애물 중 도로중앙장애물표시, 주차금지표시, 정차 · 주차금지표시 및 안전지대표시)
- 청색 : 지정방향의 교통류분리표시(버스전용차로표시 및 다인승차량 전용차선표시)
- 적색 : 어린이보호구역 또는 주거지역 안에 설치하는 속도제한표시의 테두리선
- 백색 : 동일 방향의 교통류분리 및 경계표시

핵심문제 88

다음 주의표지 중 도로폭이 좁아짐을 나타내는 표지는?

①

②

③

④

해설 ① 우합류도로, ② 도로폭이 좁아짐, ③ 미끄러운도로, ④ 양측방통행

핵심문제 89

도로교통의 안전을 위하여 각종 주의, 규제, 지시 등의 내용을 노면에 기호, 문자 또는 선으로 도로사용자에게 알리는 안전표지는?

① 노면표시　　　　　　　　② 규제표지

③ 지시표지　　　　　　　　④ 보조표지

해설 노면표시에 대한 내용이다.

핵심문제 90

다음 중 도로교통법령상 노면표시의 색채기준으로 틀린 것은?

① 황색 – 중앙선표시

② 청색 – 주차금지표시

③ 적색 – 어린이보호구역 안에 설치하는 속도제한표시의 테두리선

④ 백색 – 동일 방향의 교통류 분리 및 경계표시

해설 중앙선표시, 노상장애물 중 도로중앙장애물표시, 주차금지표시, 정차 · 주차금지표시 및 안전지대표시는 황색으로 한다.

핵심문제 91

도로의 통행방법, 통행구분 등 도로교통의 안전을 위하여 필요한 지시를 하는 경우 도로사용자가 이를 따르도록 알리는 표지는?

① 주의표시   ② 규제표시

③ 지시표지   ④ 보조표시

해설   지시표지에 대한 내용이다.

핵심문제 92

다음 중 교통사고처리특례법상 교통사고에 해당하는 것은?

① 육교에서 주의하여 운행 중인 차량과 사람이 충돌하여 사람이 부상을 당한 경우

② 축대가 무너져 도로를 진행 중인 차량이 부서진 경우

③ 가로수가 넘어져 차량 운전자가 부상당한 경우

④ 횡단보도 녹색 보행자 횡단신호에서 자전거와 보행자가 충돌하여 사람이 다친 경우

해설   자전거는 도로교통법상 자동차에 해당하므로 자전거와 보행자가 충돌한 경우 교통사고로 처리된다. ①~③은 교통사고가 아닌 안전사고로 처리한다.

핵심문제 93

다음 중 교통조사관이 교통사고로 처리하는 사고의 경우는?

① 자살, 자해 행위로 인정되는 경우

② 확정적 고의에 의하여 타인을 사상한 경우

③ 건조물 등이 떨어져 운전자 또는 동승자가 사상한 경우

④ 술취한 사람이 도로에 누워있다 사상된 경우

해설   술취한 사람이 도로에 누워있다 사상된 경우는 교통사고로 처리한다.

핵심문제 94

위험운전치사상의 경우 사고운전자의 가중처벌 기준은?

① 음주로 정상적인 운전이 곤란한 상태에서 자동차 등을 운전하여 사람을 사망에 이르게 한 사람은 무기 또는 3년 이상의 징역에 처한다.

② 음주로 정상적인 운전이 곤란한 상태에서 자동차 등을 운전하여 사람을 사망에 이르게 한 경우에는 3년 이상의 유기징역에 처한다.

③ 약물의 영향으로 정상적인 운전이 곤란한 상태에서 자동차 등을 운전하여 사람을 사망에 이르게 한 경우에는 2년 이상의 유기징역에 처한다.

④ 사람을 상해한 경우에는 1년 이하의 징역 또는 500만 원 이상, 3천만 원 이하의 벌금에 처한다.

해설   음주 또는 약물의 영향으로 정상적인 운전이 곤란한 상태에서 자동차를 운전하여 사람을 상해에 이르게 한 사람은 1년 이상 15년 이하의 징역 또는 1천만 원 이상 3천만 원 이하의 벌금에 처하고, 사망에 이르게 한 사람은 무기 또는 3년 이상의 징역에 처한다(특정범죄 가중처벌 등에 관한 법률 제5조의11).
※ 한국교통안전공단에 게시된 참고자료(19. 06. 24 작성)는 현재 시행 중인 법령을 반영하지 않아 해당 법령 확인 요망

핵심문제 95

운전자가 피해자를 사고 장소로부터 옮겨 유기하고 도주한 경우에 대한 가중처벌 기준으로 틀린 것은?

① 피해자를 사망에 이르게 하고 도주한 경우 사형, 무기 또는 5년 이상의 징역

② 피해자를 상해에 이르게 한 경우에는 1년 이상의 유기징역

③ 도주 후에 피해자가 사망한 경우에는 사형, 무기 또는 5년 이상의 징역

④ 피해자를 상해에 이르게 한 경우에는 3년 이상의 유기징역

 운전자가 피해자를 사망에 이르게 하고 도주하거나 도주 후에 피해자가 사망한 경우에는 사형, 무기 또는 5년 이상의 징역, 피해자를 상해에 이르게 한 경우에는 3년 이상의 유기징역에 처한다.

핵심문제 96

사고운전자가 형사상 합의가 안 되어 형사처벌 대상이 되는 중상해의 범위로 볼 수 없는 상해는?

① 사고 후유증으로 중증의 정신장애

② 완치 가능한 사고 후유증

③ 사지절단

④ 생명유지에 불가결한 뇌의 중대한 손상

 중상해는 뇌 또는 주요 장기의 중대한 손상, 사지절단 등 신체 중요부분의 상실·중대변형 또는 시각·청각·언어·생식기능 등 중요한 신체 기능의 영구 상실, 사고 후유증으로 인한 중증의 정신장애·하반신 마비 등 완치 가능성이 없거나 희박한 중대질병 등이다.

핵심문제 97

다음 중 특정범죄 가중처벌 등에 관한 법률에 의거 사고운전자가 가중처벌을 받는 경우가 아닌 것은?

① 사고운전자가 피해자를 구호하는 등의 조치를 하지 아니하고 도주한 경우

② 사고운전자가 피해자를 사고 장소로부터 옮겨 유기하고 도주한 경우

③ 위험운전 치사상의 경우

④ 중앙선 침범 사고로 인한 인명피해를 야기한 경우

해설 중앙선 침범 사고운전자는 특정범죄 가중처벌 등에 관한 법률에 따른 가중처벌 대상이 아니다.

핵심문제 98

교통사고처리 특례법의 적용에 대한 설명으로 옳지 않은 것은?

① 차의 교통으로 인한 사고가 발생하여 운전자를 형사 처벌하여야 하는 경우에 적용

② 인적 피해를 야기한 경우에는 형법 제268조에 따른 업무상 과실치사상죄 또는 중과실치사상죄를 적용

③ 물적 피해를 야기한 경우에는 도로교통법 제151조의 과실재물손괴죄를 적용

④ 사람이 건물, 육교 등에서 추락하여 운행 중인 차량과 충돌 또는 접촉하여 사상한 경우 적용

해설 사람이 건물, 육교 등에서 추락하여 운행 중인 차량과 충돌 또는 접촉하여 사상한 경우에는 교통사고로 처리되지 않고 업무 주무기능부서에 인계된다.

핵심문제 99

다음 중 교통사고처리특례법 적용 시 특례 예외 단서조항의 사고가 아닌 것은?

① 단순 추돌 사고+인명피해

② 횡단, 유턴 또는 후진 중 사고+인명피해

③ 승객추락방지의무 위반사고+인명피해

④ 어린이보호구역 내 어린이보호의무 위반사고+인명피해

해설 단순 추돌 사고로 인한 인명피해는 교통사고처리특례법 적용 시 특례 예외 단서조항에 해당하지 않는다.

핵심문제 **100**

교통사고로 인한 사망사고의 성립요건으로 맞지 않는 것은?

① 모든 장소에서 차의 교통으로 인한 사고

② 자동차 본래의 운행목적이 아닌 작업 중 과실로 피해자가 사망한 경우

③ 운전자로서 요구되는 업무상 주의의무를 소홀히 한 과실

④ 운행 중인 자동차에 충격되어 사망한 경우

해설 자동차 본래의 운행목적이 아닌 작업 중 과실로 피해자가 사망한 경우는 교통사고로 인한 사망사고의 성립요건에 맞지 않는다.

핵심문제 **101**

교통사고처리특례법상 특례 예외 사고인 중앙선 침범 사고로 볼 수 없는 것은?

① 커브길에서 과속으로 인한 중앙선 침범의 경우

② 빗길에서 과속으로 인한 중앙선 침범의 경우

③ 졸다가 뒤늦은 제동으로 중앙선을 침범한 경우

④ 사고를 피하기 위해 급제동하다 중앙선을 침범한 경우

해설 중앙선 침범 자체에 운전자를 비난할 수 없는 객관적 사정이 있는 경우는 교통사고처리특례법상 특례 예외 사고인 중앙선 침범 사고로 볼 수 없다.

핵심문제 **102**

비가 내려 노면이 젖은 상태일 때 제한속도 70km/h인 도로에서는 몇 km/h 이하로 주행하여야 하는가?

① 49km/h ② 56km/h

③ 63km/h ④ 70km/h

해설 노면이 젖어 있는 경우와 눈이 20mm 미만 쌓인 경우는 최고속도의 100분의 20을 줄인 속도로 운행하여야 한다(도로교통법 시행규칙 제19조 제2항 제1호). 따라서 70km/h의 20%를 줄인 56km/h 이하로 운행하여야 한다.

핵심문제 **103**

승합자동차의 속도위반(40km/h 초과 60km/h 이하)에 따른 벌점은?

① 60점 ② 30점

③ 15점 ④ 10점

해설 승합자동차의 40km/h 초과 60km/h 이하 속도위반 시에는 범칙금 10만 원, 벌점 30점이 부과된다.

핵심문제 **104**

철길 건널목의 종류에 대한 설명이 틀린 것은?

① 1종 건널목 : 차단기, 건널목 경보기 및 교통안전표지가 설치되어 있는 경우

② 2종 건널목 : 건널목 경보기 및 교통안전표지가 설치되어 있는 경우

③ 3종 건널목 : 교통안전표지만 설치되어 있는 경우

④ 4종 건널목 : 건널목 경보기만 설치되어 있는 경우

해설 철길건널목은 1~3종까지 있고, 4종은 없다.

정답 **100** ② **101** ④ **102** ② **103** ② **104** ④

핵심문제 105

다음 중 횡단보도 보행자로 인정되는 경우는?

① 횡단보도에 엎드려 있는 사람

② 세발자전거를 타고 횡단보도를 건너는 어린이

③ 횡단보도 내에서 택시를 잡고 있는 사람

④ 횡단보도에서 자전거를 타고 가는 사람

해설   세발자전거를 타고 횡단보도를 건너는 어린이는 횡단보도 보행자로 인정된다.

핵심문제 106

다음 중 음주운전으로 처벌이 불가한 경우는?

① 혈중알코올 농도 0.05% 상태로 주차장 통행로에서 운전한 경우

② 혈중알코올 농도 0.06% 상태로 공장 내 통행로에서 운전한 경우

③ 혈중알코올 농도 0.02% 상태로 도로에서 운전한 경우

④ 혈중알코올 농도 0.05% 상태로 학교 내 통행로에서 운전한 경우

해설   도로교통법상 음주운전으로 단속되는 기준은 운전자의 혈중알코올 농도가 0.03% 이상인 경우이다.

핵심문제 107

다음 중 보도침범, 보도 통행방법 위반사고에 해당되지 않는 것은?

① 보도와 차도가 구분된 도로에서 보도 내 보행자를 충돌한 사고

② 보도 내에서 보행자를 충돌한 사고

③ 도로에서 보도를 횡단하여 건물로 진입하다가 보행자와 충돌한 경우

④ 피해자가 자전거 또는 원동기장치자전거를 타고 가던 중 자동차와 충돌한 사고

해설   피해자가 자전거 또는 원동기장치자전거를 타고 가던 중 자동차와 충돌한 사고는 재차로 간주되어 보도침범, 보도 통행방법 위반사고에서 제외된다.

핵심문제 108

교통사고의 정의에 대한 설명으로 맞지 않은 것은?

① 차의 교통으로 물건을 운반하는 것

② 차의 교통으로 사람을 사망하게 하는 것

③ 차의 교통으로 물건을 손괴하는 것

④ 차의 교통으로 사람을 다치게 하는 것

해설   교통사고란 차의 교통으로 인하여 사람을 사상하거나 물건을 손괴하는 것을 말한다(교통사고처리특례법 제2조 제2호).

핵심문제 109

차가 주행 중 도로 또는 도로 이외의 장소에 차체의 측면이 지면에 접하고 있는 상태를 무엇이라 하는가?

① 전도

② 전복

③ 추락

④ 충돌

해설   ② 전복 : 차가 주행 중 도로 또는 도로 이외의 장소에 뒤집혀 넘어진 것
③ 추락 : 차가 도로변 절벽 또는 교량 등 높은 곳에서 떨어진 것
④ 충돌 : 차가 반대방향 또는 측방에서 진입하여 그 차의 정면으로 다른 차의 정면 또는 측면을 충격한 것

정답   105 ②   106 ③   107 ④   108 ①   109 ①

핵심문제 110

차의 급제동으로 인하여 타이어의 회전이 정지된 상태에서 노면에 미끄러져 생긴 타이어 마모흔적 또는 활주흔적을 무엇이라고 하는가?

① 스키드마크
② 요마크
③ 교통마크
④ KS마크

해설 스키드마크(Skid Mark)에 대한 내용이다.

핵심문제 111

교통사고조사규칙 제2조에 의거 대형사고의 기준은?

① 1명 이상이 사망하거나 5명 이상의 사상자가 발생한 사고
② 2명 이상이 사망하거나 10명 이상의 사상자가 발생한 사고
③ 3명 이상이 사망하거나 20명 이상의 사상자가 발생한 사고
④ 4명 이상이 사망하거나 40명 이상의 사상자가 발생한 사고

해설 대형사고란 3명 이상이 사망(교통사고 발생일부터 30일 이내에 사망한 것을 말함)하거나 20명 이상의 사상자가 발생한 사고를 말한다(교통사고조사규칙 제2조 제1항 제3호).

핵심문제 112

다음 중 교통사고처리특례법상 교통사고로 처리되는 것은?

① 명백한 자살이라고 인정되는 경우
② 확정적인 고의 범죄에 의해 타인을 사상한 경우
③ 축대 등이 무너져 도로를 진행 중인 차량이 손괴된 경우
④ 자동차의 교통으로 인하여 사람을 사상하거나 물건을 손괴하는 경우

해설 교통사고란 자동차의 교통으로 인하여 사람을 사상하거나 물건을 손괴하는 것을 말한다(교통사고처리특례법 제2조 제2호).

핵심문제 113

다음 중 교통사고로 처리하는 경우는?

① 자살·자해행위로 인정되는 경우
② 확정적 고의에 의하여 타인을 사상하거나 물건을 손괴한 경우
③ 낙하물에 의하여 차량 탑승자가 사상하였거나 물건이 손괴된 경우
④ 터널 안에서 횡단하는 보행자를 사상한 경우

해설 ①~③은 교통사고에 해당하지 않는다.

핵심문제 114

앞차가 갑자기 정지하게 되는 경우 그 앞차와의 추돌을 피할 수 있는 필요한 거리로 정지거리보다 약간 긴 정도의 거리는?

① 안전거리
② 정지거리
③ 반응거리
④ 제동거리

해설 안전거리란 같은 방향으로 가고 있는 앞차가 갑자기 정지하게 되는 경우 그 앞차와의 추돌을 피할 수 있는 필요한 거리로 정지거리보다 약간 긴 정도의 거리이다.

핵심문제 115

추돌사고의 운전자 과실 원인에서 앞차의 급정지 원인이 다른 하나는?

① 신호 착각에 따른 급정지
② 자동차전용도로에서 전방사고를 구경하기 위해 급정지
③ 주 · 정차 장소가 아닌 곳에서 급정지
④ 우측 도로변 승객을 태우기 위해 급정지

해설 앞차의 급정지 원인 중 신호 착각, 초행길, 전방상황 오인으로 인한 급정지 등은 앞차의 상당성 있는 급정지에 해당한다. ②∼④는 앞차의 과실 있는 급정지에 해당한다.

핵심문제 116

안전거리 미확보 사고의 성립요건에 해당되는 것은?

① 앞차가 후진하는 경우
② 앞차가 고의로 급정지하는 경우
③ 앞차가 의도적으로 급정지하는 경우
④ 뒤차가 안전거리를 미확보하여 앞차를 추돌한 경우

해설 뒤차가 안전거리를 미확보하여 앞차를 추돌한 경우는 안전거리 미확보 사고의 성립요건에 해당한다.

핵심문제 117

고속도로에서 주행할 때 통행하는 차로를 무엇이라 하는가?

① 가속차로
② 감속차로
③ 주행차로
④ 오르막차로

해설 ① 가속차로 : 가속하는 차로
② 감속차로 : 감속하는 차로
④ 오르막차로 : 오르막 구간에서 저속 자동차를 다른 자동차와 분리하여 통행시키기 위하여 설치하는 차로

핵심문제 118

고속도로에서 저속으로 오르막을 오를 때 사용하는 차로는?

① 주행차로
② 가속차로
③ 감속차로
④ 오르막차로

해설 고속도로에서 저속으로 오르막을 오를 때 사용하는 차로는 오르막차로이다.

핵심문제 119

진로변경 또는 급차로변경 사고의 성립요건이 아닌 것은?

① 도로에서 발생한 경우
② 옆 차로에서 진행 중인 차량이 갑자기 차로를 변경하여 불가항력적으로 충돌한 경우
③ 사고 차량이 차로를 변경하면서 변경방향 차로 후방에서 진행하는 차량의 진로를 방해한 경우
④ 차로 변경 후 상당 구간 진행 중인 차량을 뒤차가 추돌한 경우

해설 ④는 진로변경 또는 급차로변경 사고 성립요건의 예외에 해당한다.

핵심문제 120

진로변경사고의 성립요건에 해당되는 것은?

① 동일 방향 앞·뒤 차량으로 진행하던 중 앞차가 차로를 변경하는데 뒤차도 따라 차로를 변경하다가 앞차를 추돌한 경우
② 장시간 주차하다가 막연히 출발하여 좌측 면에서 차로 변경 중인 차량의 후면을 추돌한 경우
③ 차로 변경 후 상당 구간 진행 중인 차량을 뒤차가 추돌한 경우
④ 사고 차량이 차로를 변경하면서 변경방향 차로 후방에서 진행하는 차량의 진로를 방해한 경우

해설 ④는 진로변경사고의 성립요건에 해당한다.

핵심문제 121

후진사고의 성립요건으로 맞는 것은?

① 아파트 주차장에서 발생
② 유료주차장에서 발생
③ 주차된 차량이 노면경사로 인해 뒤로 미끄러져 발생
④ 도로에서 발생

해설 아파트 주차장이나 유료주차장은 공로가 아니며, 주차된 차량이 노면경사로 인해 뒤로 미끄러진 것은 운전이 아니다.

핵심문제 122

후진에 의한 교통사고에 대한 설명으로 틀린 것은?

① 대로상에서 뒤에 있는 일정한 장소나 다른 길로 진입하기 위해 상당한 구간을 계속 후진하다가 정상진행 중인 차량과 충돌한 경우는 안전운전불이행 사고로 본다.
② 도로보수를 위한 응급조치작업에 사용되는 자동차로 부득이하게 후진하다 사고가 발생한 경우는 운전자과실이 아니다.
③ 후진사고가 성립되기 위해서는 후진하는 차량에 충돌되어 피해를 입어야 한다.
④ 후진하기 위하여 주의를 기울였음에도 불구하고 다른 차량의 정상적인 통행을 방해하여 충돌한 경우는 후진위반에 의한 교통사고로 본다.

해설 대로상에서 뒤에 있는 일정한 장소나 다른 길로 진입하기 위해 상당한 구간을 계속 후진하다가 정상진행 중인 차량과 충돌한 경우는 통행구분 위반사고로 본다.

핵심문제 123

교차로 통행방법 위반사고로 볼 수 없는 것은?

① 뒤차가 교차로에서 좌회전하다 앞차의 측면을 접촉하여 발생한 사고
② 교차로에서 안전운전 불이행으로 앞차의 측면을 접촉한 사고
③ 교차로에서 신호위반차량에 충돌되어 피해를 입은 사고
④ 교차로에서 우회전하다 옆 차의 측면을 접촉하여 발생한 사고

해설 교차로에서 신호위반차량에 충돌되어 피해를 입은 사고는 교차로 통행방법 위반사고로 볼 수 없다.

핵심문제 124

신호등 없는 교차로 사고의 성립요건 중 시설물 설치요건에 해당되지 않는 교통안전표지는?

① 양보표지
② 일시정지표지
③ 서행표지
④ 비보호좌회전표지

해설 비보호좌회전표지는 신호등 없는 교차로 사고의 성립요건 중 시설물 설치요건에 해당되지 않는다. 양보표지, 일시정지표지, 서행표지는 신호등이 없기 때문에 필요하다.

핵심문제 125

신호등 없는 교차로에서 교차로 진입 전 일시정지 또는 서행하지 않았다는 증거를 판독하는 방법과 가장 거리가 먼 것은?

① 충돌 직전 노면에 스키드 마크가 형성되어 있는 경우
② 충돌 직전 노면에 요 마크가 형성되어 있는 경우
③ 가해 차량의 진행방향으로 상대 차량을 밀고가거나, 전도(전복)시킨 경우
④ 상대 차량의 정면을 충돌한 경우

해설   상대 차량의 정면이 아니라 측면을 충돌한 경우에 증거를 판독한다.

핵심문제 126

신호등 없는 교차로에서 진입 전 일시정지 또는 서행하지 않은 경우를 설명하는 내용으로 틀린 것은?

① 충돌 직전 노면에 제동 타이어 흔적이 없는 경우
② 충돌 직전 노면에 요 마크가 형성되어 있는 경우
③ 상대 차량의 측면을 정면으로 충돌한 경우
④ 가해 차량의 진행방향으로 상대 차량을 밀고 가거나 전도(전복)시킨 경우

해설   충돌 직전 노면에 제동 타이어 흔적(스키드마크)이 없는 경우는 일시정지 또는 서행 여부를 설명할 수 없다. 제동 타이어 흔적이 있는 경우에는 급제동이 있었다는 것이며, 이는 과속했다는 것을 의미한다.

핵심문제 127

다음 중 신호등 없는 교차로 사고 중에서 운전자 과실에 의한 사고의 성립요건이 아닌 것은?

① 선진입 차량에게 진로를 양보하지 않는 경우
② 상대 차량이 보이지 않는 곳, 교통이 빈번한 곳을 통행하면서 일시정지하지 않고 통행하는 경우
③ 통행우선권이 있는 차량에게 양보하고 통행하는 경우
④ 일시정지, 서행, 양보표지가 있는 곳에서 이를 무시하고 통행하는 경우

해설   통행우선권이 있는 차량에게 양보하고 통행하는 경우는 운전자 과실에 의한 사고의 성립요건이 아니다.

핵심문제 128

신호등 없는 교차로 통행 시 교통사고를 일으킬 수 있는 운전자의 일반적인 과실이 아닌 것은?

① 선진입 차량에게 진로를 양보하지 않는 경우
② 교통이 빈번한 곳을 통행하면서 일시정지하지 않고 통행하는 경우
③ 통행우선권이 있는 차량에게 양보하지 않고 통행하는 경우
④ 차량 양보표지가 설치된 곳에서 이를 지키며 통행하는 경우

해설   차량 양보표지가 설치된 곳에서 이를 지키며 통행하는 경우는 과실이라 볼 수 없다.

핵심문제 129

도로교통법령상 운전 중 일시정지를 해야 할 상황이 아닌 것은?

① 교차로에서 좌 · 우회전하는 경우
② 교차로 또는 그 부근에서 긴급자동차가 접근한 때
③ 어린이가 보호자 없이 도로를 횡단하는 때
④ 차량신호등의 적색등화가 점멸하고 있는 경우

해설   운전 중 교차로에서 좌 · 우회전하는 경우는 서행하여야 한다.

정답   125 ④   126 ①   127 ③   128 ④   129 ①

핵심문제 130

다음 중 서행의 정의는?

① 자동차가 완전히 멈추는 상태를 의미한다.
② 반드시 차가 일시적으로 그 바퀴를 완전히 멈추어야 하는 행위 자체를 의미한다.
③ 반드시 차가 멈추어야 하되, 얼마간의 시간 동안 정지상태를 유지하는 것을 의미한다.
④ 차가 즉시 정지할 수 있는 느린 속도로 진행하는 것을 의미한다.

해설 서행이란 운전자가 차를 즉시 정지시킬 수 있는 정도의 느린 속도로 진행하는 것을 말한다(도로교통법 제2조 제28호).

핵심문제 131

다음 중 일시정지의 의미를 잘 설명하고 있는 것은?

① 차가 즉시 정지할 수 있는 느린 속도로 진행하는 것을 의미
② 반드시 차가 멈추어야 하되, 얼마간의 시간 동안 정지상태를 유지하는 교통상황의 의미
③ 반드시 차가 일시적으로 그 바퀴를 완전히 멈추어야 하는 행위 자체에 대한 의미
④ 자동차가 완전히 멈추는 상태를 의미

해설 일시정지는 반드시 차가 멈추어야 하되, 얼마간의 시간 동안 정지상태를 유지하는 교통상황을 의미한다. ①은 서행을 의미한다.

핵심문제 132

주행 중 교차로 또는 그 부근에서 긴급자동차가 접근한 때에 운전자가 취해야 하는 운행방법은?

① 교차로를 피하기 위하여 도로의 우측 가장자리에 일시정지한다.
② 교차로를 피하기 위하여 도로의 우측 가장자리에 정지한다.
③ 긴급자동차가 피해갈 수 있도록 도로 중앙을 이용해 서행한다.
④ 그 자리에서 정지한다.

해설 주행 중 교차로 또는 그 부근에서 긴급자동차가 접근한 때에 운전자는 교차로를 피하기 위하여 도로의 우측 가장자리에 일시정지한다.

핵심문제 133

다음 중 난폭운전이 아닌 것은?

① 급격한 차로변경
② 타 운전자에게 위험이 되지 않는 속도로 운전
③ 핸들 급조작
④ 지그재그 운행

해설 급격한 차로변경, 핸들 급조작, 지그재그 운행은 난폭운전에 해당한다.

핵심문제 134

다음 중 안전운전이라고 볼 수 있는 것은?

① 인식할 수 있는 과실로 타인에게 현저한 위해를 초래하는 운전을 하는 경우
② 타인에게 위험을 주는 속도로 운전을 하는 경우
③ 도로의 교통상황과 차의 구조 및 성능에 따라 다른 사람에게 위험과 장해를 주지 않는 방법으로 운전하는 경우
④ 타인의 통행을 현저하게 방해하는 운전을 하는 경우

해설 타인에게 현저한 위험이나 장해를 주는 운전은 안전운전이라고 볼 수 없다.

핵심문제 135

안전운전 불이행 사고가 아닌 것은?

① 자동차 장치조작을 잘못한 경우
② 전·후·좌·우 주시가 태만한 경우
③ 차내 대화 등으로 운전을 부주의한 경우
④ 차량정비 중 안전부주의로 피해를 입은 경우

해설 차량정비 중 안전부주의로 피해를 입은 경우는 안전운전 불이행 사고의 성립요건(장소적 요건, 피해자 요건, 운전자 과실) 중 장소적 요건(도로에서 발생할 것)에 해당하지 않는다.

 핵심문제 136

다음 중 안전운전 불이행 사고의 성립요건이 아닌 것은?

① 차내 대화 등으로 운전을 부주의한 경우
② 운전자의 과실을 논할 수 없는 사고
③ 자동차 장치조작을 잘못한 경우
④ 타인에게 위해를 준 난폭운전의 경우

해설 운전자의 과실을 논할 수 없는 사고는 안전운전 불이행 사고의 성립요건(장소적 요건, 피해자 요건, 운전자 과실) 중 운전자 과실에 해당하지 않는 사고이다.

 핵심문제 137

안전거리 미확보 사고의 성립요건 중 운전자 과실 원인에서 앞차의 과실 있는 급정지 원인이 아닌 것은?

① 앞차의 교통사고를 보고 급정지
② 우측 도로변 승객을 태우기 위해 급정지
③ 주·정차 장소가 아닌 곳에서 급정지
④ 자동차전용도로에서 전방사고를 구경하기 위해 급정지

해설 우측 도로변 승객을 태우기 위해 급정지, 주·정차 장소가 아닌 곳에서 급정지, 자동차전용도로에서 전방사고를 구경하기 위해 급정지한 경우는 앞차의 과실 있는 급정지 원인에 해당한다.

 핵심문제 138

안전운전 불이행 사고로 볼 수 있는 것은?

① 차량 정비 중 안전부주의로 피해를 입은 경우
② 보행자가 고속도로나 자동차전용도로에 진입하여 통행한 경우
③ 차내 대화 등으로 운전을 부주의한 경우
④ 1차 사고에 이은 불가항력적인 2차 사고

해설 차내 대화 등으로 운전을 부주의한 경우는 운전자 과실에 해당하므로 안전운전 불이행 사고로 볼 수 있다.

02 자동차관리요령

01 일상점검 중 주의사항
- 경사가 없는 평탄한 장소에서 점검한다.
- 환기가 잘되는 장소에서 실시한다.
- 연료장치나 배터리 부근에서는 불꽃을 멀리한다.
- 변속레버는 P(주차)에 위치시킨 후 주차 브레이크를 당겨 놓는다.

02 운전석점검사항 : 핸들의 흔들림이나 유동 여부, 브레이크 페달의 자유간극과 잔류간극의 적당 여부, 와이퍼의 작동 여부, 연료 게이지량, 에어압력 게이지 상태 등

03 외관점검사항 : 램프의 점멸 및 파손 여부, 타이어의 공기압력 마모 상태 등

04 엔진점검사항 : 엔진 오일 점검, 냉각수의 양과 색깔 점검, 벨트의 장력 점검 등

05 여름철에는 높은 기온과 직사광선으로 인해 밀폐된 차내의 실내온도가 급격히 상승하여 차량 내부에 있는 인화성 물질의 폭발 위험이 있다.

06 소화기는 게이지 점검을 통해 정기적으로 충전을 해주어야 하며, 소화액이 충분하다고 할지라도 뒤집어서 흔들어 분말이 잘 섞일 수 있도록 관리해야 한다.

07 터보차저의 주요 고장 원인
- 엔진 오일 오염
- 윤활유 공급 부족
- 이물질 유입으로 인한 압축기 날개 손상

08 터보차저 관리요령
- 회전부의 윤활과 터보차저에 이물질이 들어가지 않도록 한다.
- 시동 전 오일량을 확인하고 시동 후 오일압력이 정상적으로 상승되는지 확인한다.
- 운행 전 예비회전을 3~10분 정도 시켜준다.

09 자동차 내장을 세척할 때 아세톤, 에나멜, 표백제 등을 사용하면 부식이나 변색이 될 수 있다.

10 압축천연가스(CNG ; Compressed Natural Gas)
- 가정 및 공장 등에서 사용하는 도시가스를 자동차 연료로 사용하기 위하여 약 200기압으로 압축한 것이다.
- 공기보다 가볍고 누출되어도 쉽게 확산된다.
- 휘발유, 경유, LPG에 비하여 안전한 연료로 평가받고 있다.

11 자동차의 계기판에 CNG 램프가 점등될 경우 : 가스 연료량의 부족으로 엔진의 출력이 낮아져 운행에 위험이 있으므로 가스를 재충전한다.

12 가스공급라인의 몸체가 파열된 경우에는 재사용하지 말고 새것으로 교환하여야 한다.

13 눈길, 진흙길, 모랫길에서는 엔진 회전수가 높은 2단 기어를 사용하여 차바퀴가 헛돌지 않게 한다.

14 악천후 시 주행방법
- 비나 눈이 오는 경우 : 급제동 자제, 차간거리 유지, 감속운행
- 안개가 끼거나 시계가 불량한 경우 : 감속운행, 미등 및 안개등 또는 전조등을 점등

15 브레이크 라이닝이 물에 젖은 경우 : 물, 진흙, 먼지가 림에 묻으면 제동력이 급격히 떨어지므로 브레이크를 짧게 여러 번 밟아 브레이크를 건조시킨다.

16 타이어에 체인을 장착한 경우 주행속도 : 30km/h 이내로 서행

17 오버히트(과열) 발생 원인 : 냉각수 부족, 엔진 오일 부족 및 순환 불량, 물 펌프 구동벨트의 기능 저하, 오염된 냉각수로 인한 순환 불량, 그릴 막힘 등

18 고속도로에서 운행할 때에는 차량의 흐름에 맞추어 풋 브레이크와 엔진 브레이크를 함께 사용한다.

19 연료주입구 캡은 시계 반대방향으로 돌려서 열고, 시계방향으로 돌려 닫는다.

20 헤드레스트(Headrest) : 자동차의 좌석에서 등받이 맨 위쪽의 머리를 받치는 부분의 역할을 하는 것

21 안전벨트 착용방법 : 허리벨트는 골반 위를 지나 엉덩이 부위를 지나야 한다.

22 자동차 계기판 용어
- 적산거리계 : 자동차가 주행한 총 거리를 나타낸다.
- 회전계 : 엔진의 분당 회전수(RPM)를 나타낸다.
- 속도계 : 자동차의 시간당 주행속도를 나타낸다.
- 전압계 : 배터리의 충전 및 방전상태를 나타낸다.
- 연료계 : 연료탱크에 남아있는 연료의 잔류량을 나타낸다.

23 전조등 작동
- 전조등은 2단계에서 점등
- 상향 전조등은 상대방 운전자에 현혹현상을 발생시키므로 필요한 경우에만 사용

24 와셔액 탱크가 비어 있을 경우에 와이퍼를 작동시키면 와이퍼 모터가 손상될 수 있다.

25 방향지시등의 깜빡임이 평상시보다 빠르게 작동하는 것은 전구의 수명이 다한 경우이므로 전구를 교환한다.

26 냉각수 부족으로 엔진이 과열되었을 경우에 급하게 차가운 냉각수를 공급하면 엔진에 균열이 발생할 수 있다.

27 일반자동차로 견인할 경우
- 견인 로프는 5m 이내로 한다.
- 로프 중간에는 넓이 30cm 이상의 흰 천을 묶어 식별이 용이하도록 한다.

28 핸들이 무거워지는 원인 : 타이어의 공기압이 낮아지거나 마모가 심한 경우, 유압식 핸들의 파워스티어링 오일이 부족한 경우

29 시동모터가 작동되지 않거나 천천히 회전하는 원인 : 배터리 방전, 배터리 단자의 부식·이완·빠짐 현상, 접지 케이블의 이완, 높은 엔진 오일 점도 등

30 좌·우 라이닝 간극이 다른 경우에 브레이크 편제동이 나타날 수 있다.

31 동력전달장치 : 자동차의 동력발생장치에서 발생한 동력을 주행상황에 맞는 적절한 상태로 변화를 주어 바퀴에 전달하는 장치

32 자동변속기 오일의 색깔과 상태
- 투명도가 높은 붉은색 : 정상적인 오일 색깔
- 백색 : 수분이 다량으로 유입된 경우에 나타나는 색깔
- 갈색 : 장시간 고온 상태에 노출되어 열화를 일으킨 경우로 탄 냄새가 남
- 검은색 : 클러치 디스크의 마멸분말이 섞인 상태에서 열화로 오염이 심각한 상태

33 레이디얼 타이어의 장단점
- 장점 : 고속 주행 시 제동 효과가 좋고 구름 저항이 적으며 내마모성이 좋다.
- 단점 : 충격을 흡수하는 강도가 적어 승차감이 좋지 않다.

34 스프링
- 종류 : 판 스프링, 코일 스프링, 토션 바 스프링, 공기 스프링 등
- 판 스프링 : 내구성이 크고 진동의 억제작용이 큰 대신 작은 진동은 흡수가 곤란한 특성이 있어 버스나 화물차에 주로 사용한다.
- 코일 스프링 : 단위중량당 에너지 흡수율이 판 스프링보다 크고, 구입비가 적으며, 스프링 작용이 효과적이면서 다른 스프링에 비해 손상률이 적다.

35 조향장치 : 가볍고 원활한 진행방향의 조작을 가능하게 하는 장치

36 현가장치 : 노면의 충격이 차체나 탑승자에게 전달되지 않게 충격을 흡수하는 장치

37 제동장치 : 차량의 속도를 감속하거나 정지시키고, 정지상태를 유지하는 장치

38 휠 얼라인먼트의 항목 : 토인, 캠버, 캐스터, 킹핀 등

39 토인(Toe-in)의 기능 : 주행 중 옆 방향으로 미끄러짐, 타이어 마모, 토아웃 방지

40 공기식 브레이크 : 브레이크 페달로 밸브를 개폐시켜 공기량을 조절할 수 있어 브레이크 페달의 조작력이 작아도 큰 제동력을 얻을 수 있기 때문에 버스나 대형 트럭에 많이 사용된다.

41 풋 브레이크와 핸드 브레이크 외에 사용하는 비상 브레이크 장치로는 엔진 브레이크, 배기 브레이크 등이 있다.

42 체크 밸브 : 유체의 역류를 막고 한 방향으로만 흐르게 하는 밸브로서 탱크 내의 유체가 역류하거나 새는 것을 방지한다.

43 사업용 자동차의 차령을 연장하고자 하는 경우 해당 차량의 차령기간이 만료되기 전 2개월 이내에 임시검사를 받아 검사기준 적합 판정을 받아야 한다.

44 자동차등록증은 자동차 신규등록이 완료된 때에 발급한다.

45 책임보험이나 책임공제에 미가입한 기간이 10일 이내인 경우 과태료는 3만 원, 11일째부터는 1일마다 8천 원을 더하며, 최고 한도금액은 자동차 1대당 100만 원이다.

핵심문제 01

자동차의 일상점검을 실시할 때의 주의사항으로 틀린 것은?

① 경사가 없는 평탄한 곳에서 실시한다.

② 변속레버는 중립에 위치시킨 후 주차 브레이크는 풀어놓는다.

③ 점검은 환기가 되는 장소에서 실시한다.

④ 전기배선을 정비할 때에는 사전에 배터리의 음극단자를 분리한다.

해설 　평지가 아닌 경우 차량이 움직일 수 있기 때문에 변속레버는 주차(P)에 위치시킨 후 주차 브레이크를 반드시 당겨놓아야 한다.

핵심문제 02

일상점검 중 주의사항이 아닌 것은?

① 경사가 없는 평탄한 장소에서 점검한다.　　　② 점검은 환기가 잘되는 장소에서 실시한다.

③ 연료장치나 배터리 부근에서는 불꽃을 멀리한다.　　④ 변속레버는 R(후진)에 위치시킨 후 점검한다.

해설 　변속레버는 P(주차)에 위치시킨 후 주차 브레이크를 당겨 놓아야 한다.

핵심문제 03

자동차의 일상점검을 실시할 때 운전석점검 내용이 아닌 것은?

① 핸들의 흔들림이나 유동 여부

② 브레이크 페달의 자유간극과 잔류간극의 적당 여부

③ 램프의 점멸 및 파손 여부

④ 와이퍼의 작동 여부

해설 　램프의 점멸 및 파손 여부는 운전석점검이 아니고 외관점검에 해당한다.

핵심문제 04

클러치의 자유간극 점검과 관련이 있는 일상점검 항목은?

① 핸들　　　　　　　　　　　　　　　② 변속기

③ 브레이크　　　　　　　　　　　　　　④ 와이퍼

해설 　일반적으로 클러치 자유간극의 유격은 20~30mm 정도로 이는 변속기 점검사항에 해당한다.

핵심문제 05

운행 후 점검사항 중 외관점검에 해당되지 않는 것은?

① 엔진 오일의 양은 적당하며 점도는 이상이 없는지 여부

② 차체가 기울지 않았는지 여부

③ 차체에 부품이 떨어진 곳은 없는지 여부

④ 후드(보닛)의 고리가 빠지지는 않았는지 여부

해설 　엔진의 원활한 작동을 목적으로 사용되는 엔진 오일을 점검하는 것은 외관점검이 아니라 엔진점검에 해당한다.

정답　　01 ②　02 ④　03 ③　04 ②　05 ①

핵심문제 06

폭발성 물질을 자동차 내에 방치할 경우 가장 위험한 계절은?

① 봄

② 여름

③ 가을

④ 겨울

해설 여름철에는 높은 기온과 직사광선으로 인해 밀폐된 차내의 실내온도가 급격히 상승하여 차량 내부에 있는 인화성 물질의 폭발 위험이 있다.

핵심문제 07

다음 중 소화기 사용방법으로 틀린 것은?

① 소화기는 영구적으로 사용할 수 있으므로 충전할 필요가 없다.

② 바람을 등지고 소화기의 안전핀을 제거한다.

③ 소화기 노즐을 화재 발생장소로 향하게 한다.

④ 소화기 손잡이를 움켜쥐고 빗자루로 쓸듯이 방사한다.

해설 소화기는 게이지 점검을 통해 정기적으로 충전을 해주어야 하며, 소화액이 충분하다고 할지라도 뒤집어서 흔들어 분말이 잘 섞일 수 있도록 관리해야 한다.

핵심문제 08

운행 전 충분한 시계를 확보하기 위해 조정하는 것은?

① 핸들

② 에어컨

③ 브레이크

④ 후사경

해설 운행 전 운전자가 자동차 뒤쪽을 볼 수 있도록 자신의 체형에 맞게 후사경을 조정하여 운전자의 시계를 확보할 수 있도록 해야 한다.

핵심문제 09

터보차저의 주요 고장원인이 아닌 것은?

① 엔진 오일 오염

② 윤활유 공급 부족

③ 이물질 유입

④ 냉각기 고장

해설 터보차저의 고장을 일으키는 가장 큰 원인은 오일 공급라인의 오염이다. 또한 이물질이 유입되거나 엔진 오일이 지속적으로 공급되지 않으면 심각한 손상을 받을 수 있다.

핵심문제 10

자동차 터보차저의 관리요령으로 맞지 않는 것은?

① 회전부의 윤활과 터보차저에 이물질이 들어가지 않도록 한다.

② 시동 전 오일량을 확인하고 시동 후 오일압력이 정상적으로 상승되는지 확인한다.

③ 운행 전 예비회전을 3~10분 정도 시켜준다.

④ 공회전 시 급가속을 자주 한다.

해설 엔진 오일의 온도가 적당히 올라가기 전에 급가속을 하면 터보차저에 큰 부담을 주게 된다.

정답   06 ②   07 ①   08 ④   09 ④   10 ④

핵심문제 11

자동차 내장을 세척할 때 사용하면 변색되거나 손상을 줄 수 있는 것이 아닌 것은?

① 아세톤
② 에나멜
③ 표백제
④ 물수건

해설 일반 물이 아닌 아세톤, 에나멜, 표백제 등으로 내장을 세척할 경우 부식이나 변색이 될 수 있다.

핵심문제 12

천연가스를 고압으로 압축하여 고압 압력용기에 저장한 기체상태의 연료를 무엇이라 하는가?

① ANG
② LNG
③ LPG
④ CNG

해설 CNG(Compressed Natural Gas ; 압축천연가스)는 가정 및 공장 등에서 사용하는 도시가스를 자동차 연료로 사용하기 위하여 약 200기압으로 압축한 것이다.

핵심문제 13

천연가스를 고압으로 압축하여 고압 압력용기에 저장한 기체상태의 연료는?

① 압축순환가스
② 액상정제가스
③ 압축천연가스
④ 압력천연가스

해설 압축천연가스는 고압의 압축된 기체로 공기보다 가볍고 누출되어도 쉽게 확산되며, 휘발유, 경유, LPG에 비하여 안전한 연료로 평가받고 있다.

핵심문제 14

압축천연가스 자동차의 가스공급라인에서 가스가 누출될 때의 조치요령으로 옳지 않은 것은?

① 자동차 부근으로 화기 접근을 금지한다.
② 탑승하고 있는 승객은 안전한 곳으로 대피시킨다.
③ 가스공급라인의 몸체가 파열된 경우 용접하여 재사용한다.
④ 누설 부위를 비눗물 또는 가스검진기로 확인한다.

해설 가스공급라인의 몸체가 파열된 경우에는 재사용하지 말고 새것으로 교환하여야 한다.

핵심문제 15

CNG를 연료로 사용하는 자동차의 계기판에 CNG 램프가 점등될 경우 조치사항으로 맞는 것은?

① 전기장치의 작동을 피한다.
② 가스냄새를 확인한다.
③ 파이프나 호스를 조이거나 풀어본다.
④ 가스를 재충전한다.

해설 CNG를 연료로 사용하는 자동차의 계기판에 CNG 램프가 점등될 경우, 가스 연료량의 부족으로 엔진의 출력이 낮아져 운행에 위험이 있으므로 가스를 재충전하도록 한다.

핵심문제 16

험한 도로에서 주행할 때 자동차 조작요령으로 적합하지 않은 것은?

① 요철이 심한 도로에서 감속 주행한다.

② 비포장도로, 눈길, 빙판길, 진흙탕 길을 주행할 때에는 속도를 낮추고 제동거리를 충분히 확보한다.

③ 눈길, 진흙길, 모랫길에서는 1단 기어를 사용하여 가속한다.

④ 저단 기어를 사용하고 기어변속이나 가속은 피한다.

해설 눈길, 진흙길, 모랫길에서는 엔진 회전수가 높은 2단 기어를 사용하여 차바퀴가 헛돌지 않게 한다.

핵심문제 17

악천후 시 주행방법에 대한 설명 중 틀린 것은?

① 비가 내릴 때에는 노면이 미끄러우므로 급제동을 피하고, 차간거리를 충분히 유지한다.

② 브레이크 라이닝이 물에 젖어 있어도 제동에는 문제가 없으므로 계속 주행해도 된다.

③ 폭우가 내릴 경우에는 시야 확보가 어려우므로 충분한 제동거리를 확보할 수 있도록 감속한다.

④ 안개가 끼었거나 기상조건이 좋지 않아 시계가 불량할 경우에는 속도를 줄이고, 미등 및 안개등 또는 전조등을 점등하고 운행한다.

해설 브레이크 라이닝은 물, 진흙, 먼지가 림에 묻으면 제동력이 급격히 떨어진다. 따라서 브레이크 라이닝이 물에 젖을 경우 브레이크를 짧게 여러 번 밟아 브레이크를 건조시켜야 한다.

핵심문제 18

겨울철 타이어에 체인을 장착한 경우 안전하게 운행하려면 일반적으로 몇 km/h 이내로 주행하여야 하는가?

① 30km/h 이내 ② 40km/h 이내

③ 50km/h 이내 ④ 60km/h 이내

해설 타이어에 체인을 장착한 경우 체인 종류에 상관없이 30km/h 이하로 서행한다.

핵심문제 19

오버히트(Over Heat)가 발생하는 원인은?

① 냉각수 부족 또는 누수 ② 에어컨 팬 작동 불량

③ 밸브 간극 이상 ④ 깨끗한 브레이크 오일

해설 오버히트의 발생원인은 냉각수 부족, 엔진 오일 부족 및 순환 불량, 물 펌프 구동벨트의 기능 저하, 오염된 냉각수로 인한 순환 불량, 그릴 막힘 등이 있다.

핵심문제 20

오버히트(엔진 과열)가 발생하는 원인이 아닌 것은?

① 냉각수가 부족한 경우 ② 배터리 전압이 낮을 경우

③ 냉각수에 부동액이 들어 있지 않은 경우(추운 날씨) ④ 엔진 내부가 얼어 냉각수가 순환하지 않는 경우

해설 배터리 전압이 낮아서 오버히트가 발생하는 것은 아니다.

핵심문제 21

겨울철 자동차 운행요령으로 적합하지 않은 것은?

① 엔진 시동 후에는 바로 운행한다.

② 차의 하체 부위의 얼음 덩어리를 운행 전에 제거한다.

③ 가속페달이나 핸들을 급조작하지 않는다.

④ 후륜구동 자동차는 뒷바퀴에 타이어체인을 장착하여야 한다.

해설 엔진 보호를 위해 시동 후에는 적당한 엔진 가열 시간을 가진 후 운행하도록 한다.

핵심문제 22

고속도로를 운행할 때 자동차의 안전운행 요령으로 적합하지 않은 것은?

① 연료, 냉각수, 엔진 오일, 각종 벨트, 타이어 공기압 등을 운행 전에 점검한다.

② 터널의 출구 부분을 나올 때에는 속도를 줄인다.

③ 고속도로를 벗어날 경우 미리 출구를 확인하고 방향지시등을 작동시킨다.

④ 고속도로에서 운행할 때에는 풋 브레이크만 사용하여야 한다.

해설 고속도로에서 운행할 때에는 차량의 흐름에 맞추어 풋 브레이크와 엔진 브레이크를 함께 사용한다.

핵심문제 23

시동키를 꽂지 않았지만 키를 차 안에 두고 어린이들만 차 내에 남겨 둘 경우 발생할 수 있는 문제로 거리가 먼 것은?

① 어른들의 행동을 모방하여 시동키를 작동시킬 수 있다.

② 에어탱크의 공기압이 급격히 저하된다.

③ 차 안의 다른 조작 스위치 등을 작동시킬 수 있다.

④ 차를 조작하여 심각한 신체 상해를 초래할 수 있다.

해설 아이들의 호기심으로 인한 차량 내부의 미숙한 조작을 조심해야 하며, 차 안에 어린이들만 있는 것과 에어탱크의 공기압은 상관이 없다.

핵심문제 24

다음 중 버스의 화물실 도어를 개폐하는 요령으로 적합하지 않은 것은?

① 차내 자동 개폐 버튼을 사용하여 도어를 열고 닫는다.

② 화물실 도어는 전용키를 사용한다.

③ 도어를 열 때는 키를 사용하여 잠금 상태를 해제한 후 도어를 당겨 연다.

④ 도어를 닫은 후에는 키를 사용하여 잠근다.

해설 버스의 화물실 도어를 열고 닫을 때에는 전용키를 사용해야 한다.

핵심문제 25

연료주입구 개폐방법으로 틀린 것은?

① 시계방향으로 돌려 연료주입구 캡을 분리한다.

② 연료 주입구에 키 홈이 있는 차량은 키를 꽂아 잠금 해제시킨 후 연료주입구 커버를 연다.

③ 연료 주입 후에는 연료주입구 커버를 닫고 가볍게 눌러 원위치시킨 후 확실하게 닫혔는지 확인한다.

④ 일반적으로 연료주입구에 키 홈이 있는 차량은 연료주입구 커버를 잠글 때 키를 이용하여야 잠글 수 있다.

해설 연료주입구 캡은 시계 반대방향으로 돌려서 열고, 시계방향으로 돌려 닫는다.

정답 　21 ①　22 ④　23 ②　24 ①　25 ①

핵심문제 26

자동차의 좌석에서 등받이 맨 위쪽의 머리를 받치는 부분의 역할을 하는 것은?

① 조향컬럼

② 헤드레스트

③ 선바이저

④ 운전석 등받이

해설 헤드레스트(Headrest)는 추돌 사고 시 순간적으로 탑승자들의 목이 뒤로 꺾여 목뼈가 손상되는 것을 미리 방지해 주기 위한 일종의 안전장치이다.

핵심문제 27

히터 사용 중 발열, 저온 및 화상 등의 위험이 발생할 수 있는 승객이 아닌 것은?

① 신체가 건강하거나 기타 질병이 없는 승객

② 피부가 연약한 승객

③ 피로가 누적된 승객(과로)

④ 술을 많이 마신 승객(과음)

해설 음주나 피로한 상태이거나 기타 특이 체질이 아닌, 신체 건강하고 기타 질병이 없는 승객은 히터를 사용한다고 하여 위험이 발생할 가능성이 낮다.

핵심문제 28

다음은 안전벨트 착용방법에 대한 설명이다. 가장 적절한 방법은?

① 안전벨트의 보호효과 증대를 위해 별도의 보조장치를 장착한다.

② 어깨벨트는 어깨 위와 목 부위를 지나도록 한다.

③ 허리벨트는 복부 부위를 지나도록 한다.

④ 허리벨트는 골반 위를 지나 엉덩이 부위를 지나도록 한다.

해설 안전벨트는 2차 사고의 방지를 위해 안전클립 등 보조장치를 사용하지 않아야 한다. 또한 어깨벨트는 어깨를 지나 가슴 아래, 허리벨트는 골반 위를 지나 엉덩이 부위를 지나도록 해야 한다.

핵심문제 29

자동차 계기판 용어에 대한 설명으로 틀린 것은?

① 적산거리계 : 자동차가 주행한 총 거리를 나타낸다.

② 회전계 : 바퀴의 시간당 회전수를 나타낸다.

③ 속도계 : 자동차의 시간당 주행속도를 나타낸다.

④ 전압계 : 배터리의 충전 및 방전상태를 나타낸다.

해설 회전계는 엔진의 분당 회전수를 나타낸다.

핵심문제 30

배터리의 충전 및 방전 상태를 나타내는 계기장치는?

① 수온계

② 연료계

③ 전압계

④ 엔진 오일 압력계

해설 전압계는 배터리의 충전이나 방전 상태를 나타내는 계기장치이다.

핵심문제 31

자동차 계기판에서 연료탱크에 남아 있는 연료의 잔류량을 나타내는 것은?

① 전압계
② 연료계
③ 충전계
④ 급유계

해설　연료계는 연료탱크에 남아 있는 연료의 잔류량을 나타내는 계기장치이다.

핵심문제 32

배기 브레이크 스위치를 작동시키면 계기판에 나타나는 표시등은?

① 배기 브레이크 표시등
② 제이크 브레이크 표시등
③ 브레이크 에어 경고등
④ 주차 브레이크 경고등

해설　배기 브레이크 스위치를 작동시키면 계기판에 배기 브레이크 표시등이 점등된다.

핵심문제 33

자동차 계기판의 경고등에 해당되지 않는 것은?

① 주행빔(상향등) 작동 표시등
② 상향등 작동 경고등
③ 안전벨트 미착용 경고등
④ 연료잔량 경고등

해설　자동차 계기판에 상향등 작동 경고등은 없다.

핵심문제 34

전조등 스위치 1단계에서 점등되지 않는 등화는 무엇인가?

① 번호판등
② 차폭등
③ 전조등
④ 미등

해설　미등은 1단계, 전조등은 2단계에서 점등된다.

핵심문제 35

전조등 사용 시기에 대한 설명 중 틀린 것은?

① 마주 오는 자동차가 있거나 앞 자동차를 따라갈 경우는 하향등을 켠다.
② 야간운행 시 마주 오는 자동차가 없을 때 시야 확보를 원하는 경우 상향등을 켠다.
③ 다른 자동차의 주의를 환기시킬 경우 전조등을 2~3회 정도 상향 점멸한다.
④ 운전자의 시야 확보를 위하여 항상 상향등을 켜고 운행한다.

해설　상향등은 다른 운전자의 시야를 방해하므로 꼭 필요한 경우에만 작동하여야 한다.

핵심문제 36

와셔액 탱크가 비어 있을 경우에 와이퍼를 작동시키면 어떤 문제가 발생할 수 있는가?

① 시야를 가릴 수 있다.

② 와이퍼 링크가 이탈될 수 있다.

③ 유리창 균열이 발생할 수 있다.

④ 와이퍼 모터가 손상될 수 있다.

해설 와셔액 탱크가 비어 있는 상태에서 와이퍼 작동 시 와이퍼 모터에 무리가 가 손상이 일어날 수 있다.

핵심문제 37

다음은 자동차 스위치에 대한 설명이다. 잘못된 것은?

① 야간에 맞은편 도로로 주행 중인 차량을 발견하면 상향등을 하향등으로 신속하게 전환하여야 한다.

② 와셔액 탱크가 비어 있거나 유리창이 건조할 때 와이퍼 작동을 금지한다.

③ 방향지시등이 평상시보다 빠르게 작동하면 방향지시등 작동 스위치를 교환해야 한다.

④ 차폭등, 미등, 번호판등, 계기판등은 전조등 스위치 1단계에서 점등된다.

해설 방향지시등의 깜빡임이 평상시보다 빠르게 작동하는 것은 방향지시등의 전구의 수명이 다한 경우이므로 전구를 교환해주면 된다.

핵심문제 38

엔진 오버히트가 발생할 때의 안전조치 요령이 아닌 것은?

① 여름에는 에어컨, 겨울에는 히터의 작동을 중지시킨다.

② 엔진이 과열되어 냉각수가 부족한 경우 차가운 냉각수를 공급한다.

③ 엔진이 작동하는 상태에서 보닛(Bonnet)을 열어 엔진을 냉각시킨다.

④ 엔진을 충분히 냉각시킨 다음에는 냉각수의 양 점검, 라디에이터 호스 연결부위 등의 누수 여부 등을 확인한다.

해설 엔진이 과열된 경우에 차가운 냉각수를 급히 넣으면 엔진균열의 우려가 있으므로 엔진을 충분히 식힌 후 냉각수를 공급한다.

핵심문제 39

풋 브레이크가 작동하지 않는 경우 응급조치 요령으로 가장 적합한 것은?

① 고단 기어에서 저단 기어로 한 단씩 줄여 감속한 뒤에 주차 브레이크를 이용하여 정지한다.

② 주행 중 시동을 끄고 주차 브레이크를 이용하여 정지한다.

③ 기어를 중립에 넣고 관성주행하여 정지할 때까지 주행한다.

④ 저단 기어에서 고단 기어로 한 단씩 올려서 시동이 꺼지면 주차 브레이크를 이용하여 정지한다.

해설 풋 브레이크가 작동하지 않는 경우는 엔진 브레이크와 주차 브레이크만을 이용해야 하는 상황이므로, 고단 기어에서 저단 기어로 한 단씩 줄여 감속한 뒤에 주차 브레이크를 이용하여 정지하도록 한다.

핵심문제 40

자동차의 견인에 필요한 경우의 응급조치요령 중 올바르지 않은 것은?

① 구동되는 바퀴를 들어 올려 견인되도록 한다.

② 고속도로에서는 일반자동차에 의한 견인이 금지되어 있다.

③ 일반자동차로 견인할 경우 견인 로프는 7m 이내로 한다.

④ 견인되기 전에 주차 브레이크를 해제한 후 변속레버를 중립(N)에 놓는다.

해설 일반자동차로 견인할 경우 견인 로프는 5m 이내로 한다.

정답   36 ④   37 ③   38 ②   39 ①   40 ③

핵심문제 41

시동모터가 작동되지 않거나 천천히 회전하는 경우에 해당되지 않는 것은?

① 배터리가 방전되었다.

② 점화플러그가 마모되었다.

③ 배터리 단자의 부식 현상이 있다.

④ 접지 케이블이 이완되어 있다.

해설 시동모터가 작동되지 않거나 천천히 회전하는 원인은 배터리 방전, 배터리 단자의 부식 · 이완 · 빠짐 현상, 접지 케이블의 이완, 높은 엔진 오일 점도 등이 있다. 점화플러그 마모와 시동모터의 작동은 상관이 없다.

핵심문제 42

핸들이 무거워지는 원인은?

① 연료누출이 있다.

② 클러치가 미끄러진다.

③ 파워스티어링 오일이 부족하다.

④ 에어클리너 필터가 오염되었다.

해설 타이어의 공기압이 낮아지거나 타이어의 마모가 심한 경우, 유압식 핸들의 경우에는 파워스티어링 오일이 부족한 경우에 핸들이 무거워지는 현상이 발생한다.

핵심문제 43

브레이크가 편제동되는 경우 추정할 수 있는 원인이 아닌 것은?

① 좌 · 우 타이어 공기압이 다르다.

② 타이어가 편마모되어 있다.

③ 라이닝 마모상태가 심하다.

④ 좌 · 우 라이닝 간극이 다르다.

해설 라이닝 마모상태가 심하면 편제동이 아니라 브레이크 제동 자체에 문제가 생길 수 있다.

핵심문제 44

브레이크 제동 효과가 나쁜 경우 추정할 수 있는 원인이 아닌 것은?

① 공기압이 과다하다.

② 공기누설(타이어의 공기가 빠져나가는 현상)이 있다.

③ 좌 · 우 라이닝 간극이 다르다.

④ 타이어 마모가 심하다.

해설 좌 · 우 라이닝 간극이 다른 경우 브레이크 편제동이 나타날 수 있다.

핵심문제 45

자동차의 동력발생장치에서 발생한 동력을 주행상황에 맞는 적절한 상태로 변화를 주어 바퀴에 전달하는 장치를 무엇이라 하는가?

① 동력이동장치

② 동력전달장치

③ 동력차단장치

④ 동력순환장치

해설 동력전달장치는 엔진에서 발생한 동력을 바퀴까지 전달하는 장치를 의미한다.

정답   **41** ② **42** ③ **43** ③ **44** ③ **45** ②

핵심문제 46

자동변속기의 장점이 아닌 것은?

① 가격이 비싸고 구조가 복잡하다.
② 조작 미숙으로 인해 시동이 꺼질 우려가 없다.
③ 기어변속이 자동으로 이루어져 운전이 편하다.
④ 발진과 가·감속이 원활하여 승차감이 좋다.

 해설 자동변속기는 가격이 비싸고 구조가 복잡한 단점이 있다.

핵심문제 47

자동변속기 오일에 수분이 다량으로 유입된 경우 오일의 색깔은?

① 백색
② 붉은색
③ 갈색
④ 검은색

 해설 ② 붉은색(정상) : 정상적인 오일 색깔
③ 갈색(교환 시기) : 장시간 고온 상태에 노출되어 열화를 일으킨 경우로 탄 냄새가 남
④ 검은색(반드시 수리) : 클러치 디스크의 마멸분말이 섞인 상태에서 열화로 오염이 심각한 상태

핵심문제 48

레이디얼 타이어의 특성이 아닌 것은?

① 접지면적이 크다.
② 회전할 때에 구심력이 좋다.
③ 충격을 흡수하는 성능이 좋아 승차감이 좋다.
④ 고속으로 주행할 때에는 안정성이 크다.

 해설 레이디얼 타이어는 고속 주행 시 제동 효과가 좋고 구름 저항이 적으며 내마모성이 좋다. 또 브레이커가 단단하여 충격이 잘 흡수되지 않는 특징이 있다.

핵심문제 49

주행 중 비틀림 혹은 흔들림이 발생하거나 커브길에서 휘청거리는 느낌이 드는 경우 예측할 수 있는 고장 부분은?

① 현가장치
② 브레이크
③ 바퀴
④ 조향장치

해설 바퀴가 고장이 난 경우, 주행 중 비틀림 혹은 흔들림이 발생하거나 커브길에서 휘청거리는 느낌이 들 수 있다.

핵심문제 50

다음 중 현가장치의 주요기능에 해당되지 않는 것은?

① 노면에서 받는 충격을 완화시킨다.
② 일정한 자동차의 높이를 유지한다.
③ 가볍고 원활한 조향조작을 가능하게 한다.
④ 올바른 휠 얼라인먼트를 유지한다.

해설 가볍고 원활한 조향조작을 가능하게 하는 것은 동력조향장치이다.

정답   46 ①   47 ①   48 ③   49 ③   50 ③

핵심문제 51

스프링의 종류에 해당되지 않는 것은?

① 판 스프링

② 코일 스프링

③ 토션 바 스프링

④ 압력 스프링

해설 스프링, 특히 강 스프링의 종류로는 판 스프링, 코일 스프링, 토션 바 스프링, 스태빌라이저 등이 있으며, 이 외에도 고무 스프링, 가스 스프링, 공·유압 스프링 등이 있다.

핵심문제 52

완충(현가)장치인 스프링 중 코일 스프링에 대한 설명 중 틀린 것은?

① 판 스프링과 같이 판 간 마찰이 없어 진동에 대한 감쇠작용을 못한다.

② 단위중량당 에너지 흡수율이 판 스프링보다 작고 유연하여 승용차에 많이 사용된다.

③ 옆 방향 작용력에 대한 저항력이 없다.

④ 차축을 지지할 때는 링크기구나 쇽업쇼버를 필요로 하므로 구조가 복잡하다.

해설 코일 스프링의 특징은 단위중량당 에너지 흡수율이 판 스프링보다 크고, 스프링만의 구입비가 적으며, 스프링 작용이 효과적이면서 다른 스프링에 비해 손상률이 적다는 것이다.

핵심문제 53

버스나 화물차에 주로 사용하는 스프링은?

① 공기 스프링

② 판 스프링

③ 코일 스프링

④ 토션 바 스프링

해설 버스나 화물차에 주로 사용하는 스프링은 판 스프링이다. 판 스프링은 내구성이 좋고 진동 억제작용이 크지만 작은 진동은 흡수하지 못해서 점차 코일 스프링으로 대체되고 있다.

핵심문제 54

자동차의 진행방향을 운전자가 의도하는 바에 따라 조작할 수 있게 하는 장치는?

① 현가장치

② 조향장치

③ 동력전달장치

④ 제동장치

해설 ① 현가장치 : 노면의 충격이 차체나 탑승자에게 전달되지 않게 충격을 흡수하는 장치
③ 동력전달장치 : 엔진에서 발생한 동력을 바퀴까지 전달하는 장치
④ 제동장치 : 차량의 속도를 감속하거나 정지시키고, 정지상태를 유지하는 장치

핵심문제 55

자동차 조향장치가 갖추어야 할 구비조건에 해당되지 않는 것은?

① 조향 핸들의 회전과 바퀴의 선회 차이가 커야 한다.

② 조향 조작이 주행 중의 충격에 영향을 받지 않아야 한다.

③ 조작이 쉽고, 방향 전환이 원활하게 이루어져야 한다.

④ 수명이 길고 정비하기 쉬워야 한다.

해설 **조향장치의 구비조건**
- 조작이 쉽고 방향 전환이 원활하게 이루어질 것
- 좁은 곳에서 방향 전환이 가능하도록 회전반경이 작을 것
- 조향 핸들의 회전과 바퀴의 선회 차이가 크지 않을 것
- 선회 시 저항이 적고 선회 후 복원성이 좋을 것

핵심문제 56

휠 얼라인먼트 항목에 해당하지 않는 것은?

① 바운싱   ② 캠버
③ 캐스터   ④ 킹핀

> **해설** 휠 얼라인먼트 항목에는 토인, 캠버, 캐스터, 킹핀 등이 있다.

핵심문제 57

다음 중 토인(Toe-in)에 대한 설명으로 틀린 것은?

① 앞 방향으로 미끄러지는 것을 방지한다.
② 앞바퀴를 평행하게 회전시킨다.
③ 타이어의 마멸을 방지한다.
④ 조향 링키지의 마멸에 의해 토아웃(Toe-out)되는 것을 방지한다.

> **해설** 토인(Toe-in)은 앞바퀴를 위에서 보았을 때 앞쪽이 뒤쪽보다 좁게 되어 있는 상태를 말하는 것으로 주행 중 옆 방향으로 미끄러짐, 타이어 마모, 토아웃(Toe-out)을 방지한다.

핵심문제 58

자동차의 안전운행을 위해서는 휠 얼라인먼트(차륜 정렬)가 중요하다. 휠 얼라인먼트가 필요한 경우로 틀린 것은?

① 타이어를 교환한 경우   ② 핸들의 중심이 어긋난 경우
③ 자동차에서 롤링(좌·우진동)이 발생한 경우   ④ 제동 시 자동차가 밀리는 경우

> **해설** 제동 시 자동차가 밀리는 경우는 디스크로더의 불규칙현상, 라이닝 마모, 베이퍼 록 현상 등의 이유가 있으며, 휠 얼라인먼트가 필요한 것은 아니다.

핵심문제 59

다음 중 공기식 브레이크의 부품이 아닌 것은?

① 진공펌프   ② 브레이크 챔버
③ 브레이크 밸브   ④ 공기 압축기

> **해설** 공기식 브레이크는 공기 압축기, 공기탱크, 브레이크 밸브, 릴레이 밸브, 퀵 릴리스 밸브, 체크밸브, 브레이크 챔버, 저압표시기 등으로 구성된다.

핵심문제 60

공기식 브레이크의 구성품 중 공기탱크 내의 압력이 규정 값이 되었을 때 밸브를 닫아 탱크 내의 용기가 새지 않도록 하는 것은?

① 브레이크 밸브   ② 릴레이 밸브
③ 체크 밸브   ④ 퀵 릴리스 밸브

> **해설** 체크 밸브는 유체의 역류를 막고 한 방향으로만 흐르게 하는 밸브로서 탱크 내의 유체가 역류하거나 새는 것을 방지한다.

정답 56 ① 57 ① 58 ④ 59 ① 60 ③

핵심문제 61

엔진으로 공기압축기를 구동하여 발생할 압축공기를 동력원으로 사용하는 방식의 브레이크는?

① ABS
② 제이크 브레이크
③ 리타더 브레이크
④ 공기식 브레이크

해설 공기식 브레이크는 브레이크 페달로 밸브를 개폐시켜 공기량을 조절할 수 있어 브레이크 페달의 조작력이 작아도 큰 제동력을 얻을 수 있기 때문에 버스나 대형 트럭에 많이 사용된다.

핵심문제 62

자동차가 고속 대형화됨에 따라 주 브레이크를 계속 사용하면 베이퍼 록이나 페이드 현상이 발생할 가능성이 높아지므로 감속 (보조) 브레이크를 적절히 사용할 필요가 있다. 감속 브레이크에 해당하는 것은?

① 풋 브레이크
② 배기 브레이크
③ 주차 브레이크
④ 드럼 브레이크

해설 감속 브레이크는 풋 브레이크와 핸드 브레이크 외에 사용하는 비상 브레이크 장치로서 엔진 브레이크, 배기 브레이크 등이 있다.

핵심문제 63

자동차 검사의 필요성이 아닌 것은?

① 자동차 결함으로 인한 교통사고 사상자 사전 예방
② 자동차 배출가스로 인한 대기오염 최소화
③ 자동차세 납부 여부를 확인하여 정부 재원 확보
④ 자동차보험 미가입 자동차의 교통사고로부터 국민피해 예방

해설 자동차 검사와 정부 재원 확보는 상관이 없다.

핵심문제 64

사업용 자동차의 차령을 연장하고자 할 때 시행하는 검사 종류는?

① 불시검사
② 임시검사
③ 튜닝검사
④ 신규검사

해설 여객자동차 운수사업법 시행령에 따라 사업용 자동차의 차령을 연장하고자 하는 경우 해당 차량의 차령기간이 만료되기 전 2개월 이내에 임시검사를 받아 검사기준 적합 판정을 받아야 한다.

핵심문제 65

자동차관리법에 따른 자동차 신규검사 신청서류가 아닌 것은?

① 자동차등록증
② 차량제원표
③ 출처증명서
④ 신규검사신청서

해설 자동차등록증은 자동차 신규등록이 완료된 때에 발급한다.

핵심문제 66

여객자동차 운수사업법에 의하여 면허, 등록, 인가 또는 신고가 실효되거나 취소되어 말소된 자동차를 다시 등록하고자 하는 경우 신청하는 자동차 검사 종류는?

① 재검사
② 정기검사
③ 수시검사
④ 신규검사

해설 면허, 등록, 인가 또는 신고가 실효되거나 취소되어 말소한 경우 재등록을 하고자 할 때 신청하는 검사는 신규검사이다.

핵심문제 67

책임보험이나 책임공제에 미가입한 사업용 1대의 자동차에 부과할 과태료의 최고 한도금액은?

① 10만 원
② 100만 원
③ 200만 원
④ 300만 원

해설 책임보험이나 책임공제에 미가입한 기간이 10일 이내인 경우 과태료는 3만 원, 11일째부터 계산하여 1일마다 8천 원을 더하며, 최고 한도금액은 자동차 1대당 100만 원이다.

핵심문제 68

책임보험이나 책임공제에 미가입한 경우 가입하지 아니한 기간이 10일 이내이면 과태료 금액은 얼마인가?

① 1만 원
② 3만 원
③ 5만 원
④ 7만 원

해설 책임보험이나 책임공제에 미가입한 기간이 10일 이내인 경우 과태료는 3만 원, 11일째부터 계산하여 1일마다 8천 원을 더하며, 최고 한도금액은 자동차 1대당 100만 원이다.

핵심문제 69

책임보험이나 책임공제에 미가입한 날이 15일 된 1대의 자동차에 부과할 과태료 금액은?

① 5만 원
② 6만5천 원
③ 7만 원
④ 8만5천 원

해설 과태료 총액은 3만 원+(8천 원×5일)=7만 원이다.

03 안전운행요령

01 교통사고의 구성요인
- 인간요인
- 차량요인
- 도로환경요인

02 인간요인에 의한 연쇄과정
- 아내와 싸웠다.
- 출근이 늦어졌다.
- 초조하게 운전을 한다.
- 과속으로 운전을 한다.
- 전방 커브에 느린 차를 미처 발견하지 못한다.

03 환경요인에 의한 연쇄과정
- 비가 오고 있다.
- 도로가 젖는다.
- 도로의 마찰계수가 저하된다.

04 교차로에서 발생하는 신호위반 사고요인 : 조급함, 좌우 관찰 결여, 신호에 대한 자의적 해석 등

05 눈, 빗길에서의 사고
- 미끄럼이 발생하여 제동거리가 길어지면 사고 가능성이 높아진다.
- 노면에 대한 관찰 및 주의 결여 시 사고 확률이 높아진다.

06 버스의 운전특성
- 버스 운전자는 10만km 이상의 주행경험을 필요로 한다.
- 버스 운전자는 주의의 부담이 매우 크고, 다양한 상황에 대처함과 동시에 승객의 안전을 책임지며 만족도를 높여야 한다.
- 운전 중의 위험사태 판단과 관련된 능력은 개인차가 있지만 대체로 운전경험과 밀접한 관계를 갖는다.

07 초보운전자가 위험도가 높은 이유 : 주관적 안전과 객관적 안전을 균형적으로 인식하지 못하기 때문

08 객관적 안전인식이 높은 사람은 실제의 위험을 있는 그대로 평가한다.

09 운전자는 90% 가량의 운전 관련 정보를 눈을 통해 얻는다.

10 제1종 운전면허의 시력 기준
- 두 눈을 동시에 뜨고 잰 시력이 0.8 이상
- 두 눈 각각의 시력이 0.5 이상

11 정지시력 : 일정 거리에서 일정한 시표를 보고 모양을 확인할 수 있는지를 가지고 측정하는 시력

12 운전 중 피로를 푸는 법
- 차 안은 약간 시원한 상태로 유지한다.
- 햇빛이 강하거나 눈의 반사가 심할 때는 선글라스를 쓴다.
- 정기적으로 차를 세우고 차에서 나와 산책이나 가벼운 체조를 한다.
- 차 안에는 항상 신선한 공기가 충분히 유입되도록 한다.
- 졸음이 올 경우 라디오를 틀거나 노래 부르기, 휘파람 불기, 혼자 소리 내어 말하기 등의 방법을 이용한다.

13 과로에 의해 주의력이 저하된 경우 나타나는 현상
- 교통표지를 간과
- 보행자를 알아보지 못함

14 혈중알코올 농도에 영향을 미치는 요인
- 음주량
- 사람의 체중
- 성별
- 위 내 음식물의 종류
- 음주 후 측정시간

15 환각제의 특징
- 인간의 시각을 포함한 제반 감각기관과 인지능력, 사고기능을 변화시킨다.
- 인간의 방향감각과 거리, 그리고 시간에 대한 감각을 왜곡시키기도 한다.
- 존재하지 않는 대상을 보고, 듣고, 느끼며 심지어 냄새를 맡기도 한다.
- 일반인이 매입·복용할 수 없다.

16 횡단보도 부근으로 보행자가 횡단하고 있을 때에는 일시정지했다가 통과한다.

17 대부분의 보행자들은 차가 정지하는 데 필요한 거리를 인지하기 어렵다.

18 대형차에 근접한 운전이 위험한 이유 : 대형 차량은 차체가 커서 전·후방의 시야가 제약되므로 대처행동을 준비할 반응시간을 갖지 못하기 때문

19 대형자동차의 특성
- 운전자들이 볼 수 없는 곳(사각)이 많다.
- 정지하는 데 더 많은 시간이 걸린다.
- 움직이는 데 점유하는 공간이 많다.
- 다른 차를 앞지르는 데 걸리는 시간이 길다.

20 원심력 : 원의 중심에서 멀어지는 방향으로 작용하는 힘으로, 차가 길모퉁이나 커브를 돌 때 차로나 도로를 벗어나려는 성질이다.

21 모닝 록(Morning Lock) 현상 : 비가 자주 오거나 습도가 높은 날 브레이크 드럼에 미세한 녹이 발생하고 마찰계수가 높아져 평소보다 브레이크가 지나치게 예민하게 작동하는 현상

22 베이퍼 록(Vapor Lock) 현상 : 자동차의 브레이크액이 증발하여 브레이크 페달의 스트로크가 크게 되어 브레이크가 작동하지 않는 현상

23 수막(Hydroplaning) 현상 : 물이 고이는 노면 위를 자동차가 고속으로 주행할 때 타이어와 노면 사이에 물의 막이 형성되는 현상

24 스탠딩웨이브(Standing Wave) 현상 : 자동차가 고속으로 주행할 때 타이어 접지부의 뒷부분이 부풀어 물결처럼 주름이 잡히는 현상

25 내륜차와 외륜차
- 내륜차 : 앞바퀴의 안쪽과 뒷바퀴의 안쪽 궤적 간의 차이
- 외륜차 : 앞바퀴의 바깥쪽과 뒷바퀴의 바깥쪽 궤적 간의 차이

26 타이어 마모를 촉진하는 환경
- 무거운 하중
- 빠른 속도
- 잦은 커브, 급커브
- 잦은 제동
- 거친 노면
- 정비 불량
- 높은 기온

27 제동시간 : 브레이크가 작동을 시작하여 자동차가 완전히 정지할 때까지 진행한 시간

28 정지거리＝공주거리＋제동거리
- 정지거리 : 운전자가 사물을 발견할 때부터 차량이 완전히 멈출 때까지 진행한 거리
- 공주거리 : 운전자가 사물을 발견하고 브레이크 페달을 밟아 실제로 자동차가 제동을 시작하기까지 진행한 거리
- 제동거리 : 제동되기 시작할 때부터 차량이 완전히 정지할 때까지 진행한 거리

29 차로의 종류
- 회전차로 : 자동차가 우회전, 좌회전 또는 유턴을 할 수 있도록 직진하는 차로와 분리하여 설치하는 차로
- 앞지르기차로 : 도로 중앙 측에 설치하는 고속 자동차의 주행차로
- 가변차로 : 신호기에 의하여 차로의 진행방향을 지시하는 차로
- 변속차로 : 자동차의 가속 및 감속을 위해 설치하는 차로

30 교통약자 : 장애인, 고령자, 임산부, 영유아를 동반한 사람, 어린이 등 일상생활에서 이동에 불편함을 느끼는 사람들

31 편경사 : 곡선부를 주행하는 차량이 원심력에 의해 바깥쪽으로 튀어나가는 것을 막기 위해 차도의 횡단면에 안쪽으로만 붙여진 구배(slope)

32 방호울타리(가드레일)
- 목적 : 곡선부 등에서 차량의 이탈사고를 방지하기 위해 설치
- 기능 : 운전자의 시선 유도, 탑승자의 상해 및 자동차의 파손 감소, 자동차를 정상적인 진행방향으로 복귀, 자동차의 차도 이탈방지

33 종단경사
- 가로방향의 경사, 즉 비탈길을 의미한다.
- 종단경사가 크면 차량의 통제력이 그만큼 떨어지므로 속도가 높은 내리막에서 사고율이 증가한다.

34 길어깨(갓길) : 긴급한 상황에 처한 차량이 비상시에 이용하기 위하여 차도에 접속하여 설치하는 도로의 가장자리 부분

35 포장된 길어깨의 장점
- 차도 끝의 처짐이나 이탈을 방지한다.
- 물의 흐름으로 인한 노면 파임을 방지한다.
- 긴급자동차의 주행을 원활하게 한다.
- 보도가 없는 도로에서는 보행의 편의를 제공한다.

36 교량 접근도로의 폭에 비해 교량의 폭이 좁으면 사고 위험이 증가한다.

37 회전교차로 : 회전차로를 우선으로 하는 교차로 설계 및 운영기법

38 회전교차로의 장점
- 교차로 유지비용이 적게 든다.
- 교통사고를 줄여 교통안전 수준을 향상시킨다.
- 도로미관 향상을 기대할 수 있다.

39 회전교차로에 진입할 때에는 충분히 속도를 줄인 후 진입하여야 하며, 회전 차량에게 통행우선권이 있다.

40 신호등 : 교통질서를 유지하기 위한 약속된 신호체계

41 시선유도시설 : 주간 또는 야간에 운전자의 시선을 유도하기 위해 설치된 안전시설

42 충격흡수시설 : 도로상의 구조물과 충돌할 위험이 있는 곳에 설치하여 충격에너지를 흡수하여 차량을 정지하게 하거나 방향을 교정하여 주행차로로 안전하게 복귀시키는 시설

43 버스정류장과 버스정류소
- 버스정류장(Bus Bay) : 버스가 정차하는 부근의 차도 외측 시설을 깊게 도려내어 보도 측으로 차도를 넓힌 장소
- 버스정류소(Bus Stop) : 도로상의 오른쪽 차로를 그대로 이용하는 공간

44 버스 정류소가 교차로 통과 전에 있으면 우회전하려는 자동차가 정차하고 있는 버스에 의해 간섭을 받게 되어 우회전 차량들에 대한 정체가 일어나게 된다.

45 규모에 따른 휴게시설 구분 : 일반휴게소, 화물차휴게소, 간이휴게소, 쉼터휴게소

46 안전운전을 위한 정보처리 과정 : 확인 → 예측 → 판단 → 실행

47 주행 시 도로 전방의 한 곳에 시선을 고정하면 교통상황을 파악하기 어려우므로 시선은 좌우 및 후사경을 통해 후방까지 체크하면서 넓은 시야각을 확보해야 한다.

48 주의의 고착 : 선택적 주시과정에서 어느 한 물체에 시선과 집중이 오래 머무는 현상

49 예측 회피반응 집단은 위험에 대한 감내성이 떨어진다.

50 시야 고정이 많은 운전자는 위험에 대한 인지력이 부족하기 때문에 경적이나 전조등을 활용하는 빈도가 낮다.

51 시인성 다루기 전략 : 회전 시, 차를 길가로 붙일 때, 앞지르기를 할 때 자신의 의도를 신호로 나타내는 것

52 뒤차가 바짝 붙어서 주행하는 상황이라면 뒤차가 자신을 앞질러 지나갈 수 있도록 해주는 것이 좋다.

53 신호를 예측하는 행위는 신호위반에 해당한다.

54 비상주차대가 설치되는 장소
- 고속도로에서 길어깨 폭이 2.5m 미만으로 설치되는 곳
- 길어깨를 축소하여 건설되는 긴 교량
- 긴 터널

55 뒷바퀴의 바람이 빠졌을 때의 대처방법 : 차가 한쪽으로 미끄러지는 것을 느끼면 핸들 방향을 미끄러지는 방향으로 돌려주어 대처한다.

56 방어운전의 전제 : 교통사고의 90% 이상은 사실상 운전자가 당시에 합리적으로 행동했다면 예방 가능했던 사고이다.

57 빌딩이나 주차장 등의 입구나 출구 앞에서는 보행자가 언제 어디서 나올지 예측하기 어려우므로 서행하거나 일시정지하여 안전을 확인한 후 통과한다.

58 좌우좌 규칙
- 교차로에 접근하면서 먼저 왼쪽과 오른쪽을 살펴 교차 방향 차량을 관찰한다.
- 동시에 오른발은 브레이크 페달 위에 놓고 밟을 준비를 한다.
- 그 다음에는 다시 왼쪽을 살핀다.

59 버스는 내륜차가 일반 승용차에 비해 훨씬 크기 때문에 좌우회전 시 주변에 있는 물체와 접촉할 가능성이 높아진다.

60 지방도에서의 시인성 확보 요령
- 문제를 야기할 수 있는 전방 12~15초의 상황을 확인한다.
- 확인이 어려우면 시야가 트일 때까지 속도를 줄이고 제동준비를 해야 한다.

61 어린이보호구역의 제한 속도는 시속 30km이다.

62 커브길 주행 시 방어운전 방법
- 금지표지가 없다고 하더라도 전방의 안전상황에 대한 확인 없이는 절대 앞지르기 하지 않는다.
- 경음기, 전조등을 사용하여 내 차의 존재를 반대 차로 운전자에게 알린다.
- 겨울철 커브길에서는 사전에 충분히 감속한다.
- 진입 전 감속된 속도에 맞는 기어로 변속한다.

63 오르막길에서의 안전운전 및 방어운전 방법
- 가속력과 힘이 좋은 저단 기어를 사용한다.
- 정차해 있을 때에는 가급적 풋 브레이크와 핸드브레이크를 동시에 사용한다.
- 오르막길의 정상 부근에서는 서행하며 위험에 대비한다.

64 다른 차량과의 합류 시, 차로변경 시, 진입차선을 통해 고속도로로 들어갈 시에는 최소한 4초의 시간간격을 유지한다.

65 운행 중 선글라스 사용 : 햇빛이 강하여 눈부심 상태가 오래 지속되는 경우에만 선택적으로 착용

66 앞지르기 순서와 방법상의 주의사항
- 앞지르기하려는 차는 앞지르기 당하는 차의 좌측 전방으로 나아간다.
- 최고속도의 제한범위 내에서 가속하여 진로를 변경한다.
- 앞지르기 당하는 차를 후사경으로 볼 수 있는 거리까지 주행하며 방향지시등을 켠 다음 진입한다.
- 앞차가 진로 변경이나 앞지르기를 시작해서 완료할 때까지는 안전을 위해 앞지르기를 시도하지 않는다.

67 현혹현상 : 마주 오는 차량의 전조등 불빛에 노출되어 순간적으로 앞을 보지 못하는 현상

68 증발현상 : 보행자가 교차하는 차량의 불빛 중간에 있게 되면 운전자가 순간적으로 보행자를 전혀 보지 못하는 현상

69 명순응과 암순응
- 명순응 : 어두운 곳에서 밝은 곳으로 나오면 처음에 눈이 부시다가 곧 적응하는 것
- 암순응 : 밝은 곳에서 어두운 곳으로 들어가면 처음에는 보이지 않던 것이 시간이 지남에 따라 차차 보이는 것

70 야간에 식별이 가장 곤란한 보행자 : 흑색 등 어두운 옷을 입은 보행자

71 경제운전의 효과
- 고장수리 및 유지관리작업 등 시간손실 감소
- 공해배출 등 환경문제 감소
- 차량관리, 고장수리, 타이어 교체 등의 비용 감소
- 교통안전 증진 효과
- 운전자 및 승객의 스트레스 감소 효과

72 버스의 엔진 시동 및 출발 요령
- 시동을 걸 때에는 기어가 들어가 있는지를 확인한다.
- 적정 속도로 엔진을 회전시켜 적정한 오일 압력이 유지되도록 한다.
- 브레이크에서 발을 떼고 차가 앞으로 나갈 때 악셀레이터에 발을 올리면서 클러치에서 발을 떼면서 출발한다.
- 정류소에서 출발할 때에는 출입문을 닫은 상태에서 방향지시등을 작동시켜 주행 중인 차량에 주행 의사를 표시한 후 출발한다.

73 해안도로는 강한 염기로 인해 차량 하부 부식 가능성이 높기 때문에, 해안도로 주행 후에는 반드시 세차한다.

74 차량 내부의 습기 제거
- 차체의 부식이나 악취발생을 방지하기 위하여 실시한다.
- 폭우 등으로 물에 잠긴 차량은 배선의 수분을 제거하지 않은 상태에서 시동을 걸면 전기장치의 퓨즈가 단선될 수 있다.
- 감전사고의 예방을 위해 반드시 배터리를 분리하고 실시한다.

75 겨울철에는 운전에 대한 집중력이 약화되어 보행자와의 사고위험이 높아진다.

핵심문제 01

교통사고 요인의 가설적 연쇄과정 중 인간요인에 의한 연쇄과정과 거리가 먼 것은?

① 출근이 늦어졌다.   ② 과속으로 운전을 한다.

③ 초조하게 운전을 한다.   ④ 비가 오고 있다.

해설   비가 오는 것은 환경요인이다.

핵심문제 02

교통사고의 구성요인에 포함되지 않는 것은?

① 인간   ② 도로환경

③ 차량   ④ 경제

해설   교통사고의 구성요인은 인간, 차량, 도로환경이다.

핵심문제 03

교통사고요인의 복합적 연쇄과정 중 환경요인에 의한 연쇄과정에 속하는 것은?

① 초조하게 운전을 한다.   ② 과속으로 운전을 한다.

③ 브레이크 제동력의 약화   ④ 도로의 마찰계수의 저하

해설   도로의 마찰계수 저하, 도로 유실로 인한 도로 상태 악화 등은 환경요인에 해당한다. ①, ②는 인간요인, ③은 차량요인에 의한 연쇄과정에 속한다.

핵심문제 04

교차로 신호위반 사고요인과 관계가 먼 것은?

① 조급함에 따른 급출발   ② 황색신호에 대한 자의적 해석

③ 녹색신호에 따른 교차로 진입   ④ 신호 변경 시 무리한 진입

해설   신호등에 의해 한쪽의 교통을 정지시키고 다른 한쪽을 통과시키는 방식의 교통통제가 행해지고 있을 경우 녹색신호가 들어온 교차로에 진입하는 것은 적법한 운행이다.

핵심문제 05

도로 노면에 대한 관찰 및 주의의 결여와 가장 관계가 깊은 교통사고 유형은?

① 진로 변경 중의 접촉사고   ② 교차로 신호 위반 사고

③ 눈, 빗길 미끄러짐 사고   ④ 횡단 보행자 통과의 사고

해설   눈, 빗길에서는 도로 노면의 마찰력이 감소하여 제동거리가 길어지므로 주의하지 않고 주행할 경우 사고 가능성이 높아진다.

핵심문제 06

버스 운전자로서의 기본 자세 중 승용차와 차별되는 버스의 운전특성과 거리가 먼 것은?

① 주의의 부담이 크다.   ② 5만km 정도의 주행경험만 있으면 충분하다.

③ 승객의 안전을 책임진다.   ④ 서비스 만족도를 높여야 한다.

해설   버스 운전자는 10만km 이상의 주행경험을 필요로 한다.

정답   01 ④   02 ④   03 ④   04 ③   05 ③   06 ②

핵심문제 07

운전 중의 위험사태 판단과 관련된 능력은 개인차가 있지만 대체로 무엇과 밀접한 관계를 갖는가?

① 지식 정도　　　　　　　　　　② 체력 정도
③ 운전경험　　　　　　　　　　④ 최종학력

해설　대체로 운전경험이 많을수록 운전 중의 위험사태 판단능력이 뛰어나다.

핵심문제 08

초보운전자가 인식하는 안전에 대한 설명과 거리가 먼 것은?

① 주관적 안전을 객관적 안전보다 낮게 인식
② 운전에 대한 자신감을 갖게 되면 오히려 주관적 안전을 객관적 안전보다 크게 자각
③ 주관적 안전과 객관적 안전을 균형적으로 인식
④ 주관적 안전을 객관적 안전보다 높게 인식할 때 위험이 증가

해설　초보운전자는 주관적 안전과 객관적 안전을 균형적으로 인식하지 못하기 때문에 다양한 상황이 발생하는 도로에서 위험성이 높다.

핵심문제 09

차의 운행 시 객관적 안전인식이 높은 사람은 어떤 사람인가?

① 자기 운전능력을 과대평가하는 사람　　　② 자기 운전능력을 과소평가하는 사람
③ 위험사태를 과대평가하는 사람　　　　　④ 실제의 위험을 그대로 평가하는 사람

해설　실제의 위험을 그대로 평가하는 사람이 객관적 안전인식이 높은 사람이다.

핵심문제 10

운전자가 운전 중 눈을 통해 얻은 운전 관련 정보의 비율은 어느 정도나 되는가?

① 100%　　　　　　　　　　② 90%
③ 80%　　　　　　　　　　④ 70%

해설　운전자는 90% 가량의 운전 관련 정보를 눈을 통해 얻는다.

핵심문제 11

도로교통법령상 제1종 운전면허의 시력 기준은?

① 두 눈을 동시에 뜨고 잰 시력이 0.6 이상　　② 두 눈을 동시에 뜨고 잰 시력이 0.8 이상
③ 양쪽 눈의 시력이 각각 0.6 이상　　　　　④ 양쪽 눈의 시력이 각각 0.8 이상

해설　제1종 운전면허를 취득하기 위해서는 두 눈을 동시에 뜨고 잰 시력이 0.8 이상이고, 각각의 시력이 0.5 이상이어야 한다. 다만, 한쪽 눈을 보지 못하는 사람이 보통면허를 취득하려는 경우에는 다른 쪽 눈의 시력이 0.8 이상, 수평시야가 120° 이상, 수직시야가 20° 이상, 중심시야 20° 내 암점 또는 반맹이 없음을 충족하여야 한다.

핵심문제 12

일정 거리에서 일정한 시표를 보고 모양을 확인할 수 있는지를 가지고 측정하는 시력을 무엇이라 하는가?

① 정지시력   ② 동체시력

③ 정체시력   ④ 미간시력

해설   정지시력에 대한 내용이다.

핵심문제 13

운전 중 피로를 푸는 법으로 부적절한 것은?

① 차 안은 약간 더운 상태로 유지한다.

② 햇빛이 강할 때는 선글라스를 쓴다.

③ 정기적으로 차를 세우고 차에서 나와 가벼운 체조를 한다.

④ 차 안에는 항상 신선한 공기가 충분히 유입되도록 한다.

해설   운전 중 피로를 낮추기 위해서는 차 안을 약간 시원한 상태로 유지하는 것이 좋다.

핵심문제 14

과로한 상태에서 교통표지를 못 보거나 보행자를 알아보지 못하는 것과 관계있는 것은?

① 판단력 저하   ② 주의력 저하

③ 지구력 저하   ④ 감정조절능력 저하

해설   과로한 상태에서 교통표지나 보행자를 인지하지 못하는 것은 주의력 저하에 해당한다.

핵심문제 15

혈중알코올 농도에 영향을 미치는 것이 아닌 것은?

① 음주량   ② 사람의 체중

③ 사람의 모발 상태   ④ 위내 음식물의 종류

해설   사람의 모발 상태는 혈중알코올 농도에 영향을 미치지 않는다.

핵심문제 16

환각제에 대한 설명 중 맞지 않는 것은?

① 환각제는 고혈압 치료제로 쓰이며, 일반인이 매입·복용할 수 있는 약물이다.

② 환각제는 인간의 시각을 포함한 제반 감각기관과 인지능력, 사고기능을 변화시킨다.

③ 환각제에 따라서는 인간의 방향감각과 거리, 그리고 시간에 대한 감각을 왜곡시키기도 한다.

④ 복용한 사람은 존재하지도 않는 대상을 보고, 듣고, 느끼며 심지어 냄새를 맡기도 한다.

해설   환각제를 일반인이 소지 및 활용하는 것은 불법이다. 고혈압 치료제로 쓰이며, 일반인이 매입·복용할 수 있는 약물은 진정제에 해당하다.

핵심문제 17

횡단보도 부근으로 보행자가 횡단하고 있을 때 가장 올바른 운전 방법은?

① 횡단보도가 아니므로 경음기 등으로 주의를 주며 통과한다.

② 횡단 보행자를 피해 빠르게 통과한다.

③ 보행자가 횡단 중이므로 서행으로 통과한다.

④ 보행자의 통행을 방해하지 않도록 일시정지했다가 통과한다.

해설　횡단보도 부근으로 보행자가 횡단하고 있을 때에는 일시정지했다가 통과한다.

핵심문제 18

운전자에게 보행자와의 사고를 피하는 데 대한 특별한 주의 의무를 부과하는 이유 중 부적절한 것은?

① 대부분의 보행자들은 차가 정지하는 데 필요한 거리를 잘 알고 있다.

② 어린이나 노인은 별다른 주의도 없이 도로로 뛰어든다.

③ 어린이는 가장 예측 불가능한 보행자이다.

④ 어린이는 키가 작아서 발견하기도 힘들다.

해설　대부분의 보행자들은 차가 정지하는 데 필요한 거리를 인지하기 어렵다.

핵심문제 19

대형 차량과 일정한 공간적 거리를 두어야 하는 이유는?

① 정지거리가 상대적으로 짧다.　　　　　② 점유공간이 상대적으로 많다.

③ 전 · 후방의 시야를 제약한다.　　　　　④ 대형차는 갑자기 정지하기가 어렵다.

해설　대형 차량은 차체가 커서 전 · 후방의 시야가 제약되므로 운전자에게 반응시간이 부족하다. 따라서 대형 차량과 근접 운전 시 일정한 공간적 거리를 두어야 한다.

핵심문제 20

대형자동차의 특성이라 볼 수 없는 것은?

① 운전자들이 볼 수 없는 곳(사각)이 적다.　　② 정지하는 데 더 많은 시간이 걸린다.

③ 움직이는 데 점유하는 공간이 많다.　　　　④ 다른 차를 앞지르는 데 걸리는 시간이 더 길다.

해설　대형 자동차는 차체의 구조상 운전자들이 볼 수 없는 곳인 사각지대가 많이 생긴다.

핵심문제 21

차가 커브를 돌 때 주행하던 차로나 도로를 벗어나려는 힘을 무엇이라고 하는가?

① 원심력　　　　　　　　　　　　　　② 구심력

③ 마찰력　　　　　　　　　　　　　　④ 접지력

해설　동차가 커브를 돌 때 차로나 도로를 벗어나려는 힘. 즉 원의 중심에서 멀어지는 방향으로 작용하는 힘을 원심력이라고 한다.

정답　　　17 ④　18 ①　19 ③　20 ①　21 ①

핵심문제 22

비가 자주 오거나 습도가 높은 날 브레이크 드럼에 미세한 녹이 발생하고 마찰계수가 높아져 평소보다 브레이크가 지나치게 예민하게 작동하는 현상은?

① 모닝 록(Morning Lock) 현상　　　　　　② 베이퍼 록(Vapor Lock) 현상

③ 수막(Hydroplaning) 현상　　　　　　　④ 스탠딩웨이브(Standing Wave) 현상

> **해설**　② 베이퍼 록 현상 : 자동차의 브레이크액이 증발하여 브레이크 페달의 스트로크가 크게 되어 브레이크가 작동하지 않는 현상
> 　③ 수막현상 : 물이 고이는 노면 위를 자동차가 고속으로 주행할 때 타이어와 노면 사이에 물의 막이 형성되는 현상
> 　④ 스탠딩웨이브 현상 : 자동차가 고속으로 주행할 때 타이어 접지부의 뒷부분이 부풀어 물결처럼 주름이 잡히는 현상

핵심문제 23

차량의 핸들을 돌렸을 때 앞바퀴의 안쪽 궤적과 뒷바퀴의 안쪽 궤적 간의 차이를 무엇이라 하는가?

① 축거　　　　　　　　　　　　　　　　② 윤거

③ 회전각　　　　　　　　　　　　　　　④ 내륜차

> **해설**　자동차가 회전할 때 네 바퀴는 각각 뒤차축의 연장선의 안쪽 어딘가의 한 점이 중심점이 되어 원을 그리게 되는데, 이때 원의 반경은 네 바퀴가 모두 다르다. 이렇게 차이가 나는 네 바퀴의 반경 중에서 앞바퀴의 안쪽과 뒷바퀴의 안쪽 궤적 간의 차이를 내륜차라고 한다.

핵심문제 24

타이어의 마모를 촉진하는 환경이라고 할 수 없는 것은?

① 잦은 커브길 운행　　　　　　　　　　② 잦은 제동

③ 저속 주행　　　　　　　　　　　　　④ 기온이 높은 여름철 주행

> **해설**　저속 주행 시 고속 주행에 비해 타이어의 마모도가 현격히 줄어든다. 무거운 하중, 빠른 속도, 잦은 커브, 급커브, 잦은 제동, 거친 노면, 정비불량, 높은 기온 등은 타이어의 마모를 촉진한다.

핵심문제 25

운전자가 제동을 시작하여 자동차가 완전히 정지할 때까지 진행한 시간을 무엇이라 하는가?

① 제동시간　　　　　　　　　　　　　　② 정지시간

③ 공주시간　　　　　　　　　　　　　　④ 정차거리

> **해설**　제동시간에 대한 내용이다.

핵심문제 26

정지거리에 영향을 미치는 요인 중 운전자요인이 아닌 것은?

① 인지반응속도　　　　　　　　　　　　② 브레이크의 성능

③ 피로도　　　　　　　　　　　　　　　④ 신체적 특성

> **해설**　브레이크의 성능은 차량요인에 해당한다.

핵심문제 27

다음 중 옳은 것은?

① 안전거리 = 정지거리 + 제동거리
② 공주거리 = 정지거리 + 제동거리
③ 제동거리 = 안전거리 + 공주거리
④ 정지거리 = 공주거리 + 제동거리

해설
정지거리는 공주거리와 제동거리의 합과 같다.
- 정지거리 : 운전자가 사물을 발견할 때부터 차량이 완전히 멈출 때까지 진행한 거리
- 공주거리 : 운전자가 사물을 발견하고 브레이크 페달을 밟아 자동차가 제동되기까지 진행한 거리
- 제동거리 : 제동되기 시작할 때부터 차량이 완전히 정지할 때까지 진행한 거리
- 안전거리 : 앞차가 갑자기 정지하게 되는 경우 추돌을 피하기 위해 필요한 거리

핵심문제 28

2차로 앞지르기 금지구간에서 자동차의 원활한 교통을 도모하고, 도로 안전성을 제고하기 위해 길어깨(갓길) 쪽으로 설치하는 저속 자동차의 주행차로를 무엇이라 하는가?

① 회전차로
② 양보차로
③ 앞지르기차로
④ 가변차로

해설
① 회전차로 : 자동차가 우회전, 좌회전, 유턴을 할 수 있도록 직진하는 차로와 분리하여 설치하는 차로
③ 앞지르기차로 : 도로 중앙 측에 설치하는 고속 자동차의 주행차로
④ 가변차로 : 신호기에 의하여 차로의 진행방향을 지시하는 차로

핵심문제 29

자동차의 가속 및 감속을 위해 설치하는 차로로 교차로, 인터체인지 등에 주로 설치하는 차로는?

① 축대
② 중앙차로
③ 오르막차로
④ 변속차로

해설
변속차로는 자동차의 가속 및 감속을 위해 설치하는 차로로 가감속차선이라고도 한다.

핵심문제 30

다음 중 교통약자의 이동편의 증진법에서 정의하는 교통약자가 아닌 사람은?

① 어린이
② 장애인
③ 고령자
④ 부녀자

해설
교통약자란 장애인, 고령자, 임산부, 영유아를 동반한 사람, 어린이 등 일상생활에서 이동에 불편을 느끼는 사람을 말한다(교통약자의 이동편의 증진법 제2조 제1호).

핵심문제 31

평면곡선부에서 자동차가 원심력에 저항할 수 있도록 하기 위하여 설치하는 횡단경사를 무엇이라 하는가?

① 시거
② 축대
③ 편경사
④ 종단경사

해설
편경사는 곡선부를 주행하는 차량이 원심력에 의해 바깥쪽으로 튀어나가는 것을 막기 위해 차도의 횡단면에 안쪽으로만 붙여진 구배(slope)를 말한다.

핵심문제 32

곡선부 등에 차량의 이탈사고를 방지하기 위해 설치하는 시설과 관계있는 것은?

① 방호울타리   ② 갈매기표지

③ 측대   ④ 편경사

해설 차량의 이탈사고를 방지하기 위해 곡선부 등에 방호울타리(가드레일)를 설치할 수 있다.

핵심문제 33

평면곡선 도로를 주행할 때 원심력에 의해 곡선 바깥쪽으로 진행하려는 힘과 관련이 없는 것은?

① 평면곡선 반지름   ② 시선유도시설

③ 타이어와 노면의 횡방향 마찰력   ④ 편경사

해설 시선유도시설은 원심력에 의해 곡선 바깥쪽으로 진행하려는 힘과 관련이 없다.

핵심문제 34

종단선형과 교통사고와의 관계 중 종단경사가 커짐에 따라 사고율은 어떻게 나타나는가?

① 평지에서의 사고율이 내리막에서보다 높게 나타난다.

② 오르막길에서의 사고율이 평지에서보다 높게 나타난다.

③ 내리막길에서의 사고율이 평지와 같게 나타난다.

④ 내리막길에서의 사고율이 오르막길에서보다 높게 나타난다.

해설 종단경사는 가로방향의 경사, 즉 비탈길을 의미하는데, 종단경사가 크면 차량의 통제력이 그만큼 떨어지므로 평지나 오르막보다 속도가 높은 내리막에서 사고율이 증가한다.

핵심문제 35

차로를 구분하기 위해 설치한 것으로 맞는 것은?

① 자전거도로   ② 길어깨

③ 차선   ④ 주차대

해설 차선은 자동차 도로에 주행 방향을 따라 일정한 간격으로 그어 놓은 선으로, 차로와 차로를 구분해준다.

핵심문제 36

포장된 길어깨의 장점으로 맞지 않는 것은?

① 차도 끝의 처짐이나 이탈을 방지한다.   ② 물의 흐름으로 인한 노면 파임을 방지한다.

③ 승용자동차의 주행을 원활하게 한다.   ④ 보도가 없는 도로에서는 보행의 편의를 제공한다.

해설 길어깨는 긴급한 상황에 처한 차량이 비상시에 이용하기 위하여 차도에 접속하여 설치하는 도로의 가장자리 부분을 말한다. 일반 차량의 주행과는 상관이 없는 부분이다.

핵심문제 37

길어깨와 관련 없는 것은?

① 갓길이라고도 한다.

② 비상시 이용을 위해 설치한다.

③ 도로 보호를 위해 설치한다.

④ 차도와 분리하여 설치한다.

해설 길어깨(갓길)는 긴급한 상황에 처한 차량이 비상시에 이용하기 위하여 차도에 접속하여 설치하는 도로의 가장자리 부분을 말한다.

핵심문제 38

교량과 교통사고의 관계에 대한 설명 중 맞지 않는 것은?

① 교량의 폭, 교량 접근도로의 형태 등이 교통사고와 밀접한 관계가 있다.

② 교량 접근도로의 폭에 비해 교량의 폭이 좁으면 사고 위험이 감소한다.

③ 교량 접근도로의 폭과 교량의 폭이 같을 때에는 사고 위험이 감소한다.

④ 교량 접근도로의 폭과 교량의 폭이 서로 다른 경우에도 교통통제설비를 설치하면 운전자의 경각심을 불러일으켜 사고 감소효과가 발생할 수 있다.

해설 교량 접근도로의 폭에 비해 교량의 폭이 좁으면 사고 위험이 증가한다.

핵심문제 39

회전교차로의 장점이 아닌 것은?

① 교차로 유지비용이 적게 든다.

② 교통량을 줄일 수 있다.

③ 교통사고를 줄일 수 있다.

④ 도로미관 향상을 기대할 수 있다.

해설 회전교차로는 신호등이 필요 없기 때문에 유지비용이 적게 들고 교통사고를 줄일 수 있다. 다만 교통량이 적은 교차로에 설치해야 하며, 회전교차로의 설치만으로는 교통량을 줄일 수 없다.

핵심문제 40

회전교차로의 일반적인 특징으로 적절하지 않은 것은?

① 신호교차로에 비해 유지관리 비용이 적게 든다.

② 인접 도로 및 지역에 대한 접근성을 높여 준다.

③ 지체시간이 감소되어 연료 소모와 배기가스를 줄일 수 있다.

④ 사고빈도가 높아 교통안전 수준을 저하시킨다.

해설 회전교차로는 운전자의 주의가 더욱 높아지기 때문에 일반적으로 사고빈도가 낮아지는 경향이 있다.

핵심문제 41

회전교차로 진입 방법으로 맞지 않는 것은?

① 회전교차로에 진입할 때에는 충분히 속도를 높인 후 진입한다.

② 회전교차로에 진입하는 자동차는 회전 중인 자동차에게 양보한다.

③ 회전차로 내부에서 주행 중인 자동차를 방해할 우려가 있을 때에는 진입하지 않는다.

④ 회전차로 내에 여유 공간이 있을 때까지 양보선에서 대기한다.

해설 회전교차로에 진입할 때에는 충분히 속도를 줄인 후 진입하여야 하며, 회전 차량에게 통행우선권이 있다.

정답 37 ④ 38 ② 39 ② 40 ④ 41 ①

핵심문제 42

주간 또는 야간에 운전자의 시선을 유도하기 위해 설치된 시선유도시설 중 표지병은 어느 것인가?

해설 표지병은 밤중에 도로를 확인할 수 있도록 해주는 반사판이 있는 시선유도시설이다. ①은 시선유도표지, ②는 갈매기표지, ③은 도로차단봉이다.

핵심문제 43

주간 또는 야간에 운전자의 시선을 유도하기 위해 설치된 안전시설이 아닌 것은?

① 신호등
② 갈매기표지
③ 시선유도표지
④ 표지병

해설 신호등은 교통질서를 유지하기 위한 약속된 신호체계이다.

핵심문제 44

주행차로를 벗어난 차량이 도로상의 구조물 등과 충돌하기 전에 자동차의 충격에너지를 흡수하여 정지하도록 하는 시설로 주로 교각이나 교대, 지하차도의 기둥 등에 설치하는 시설은 무엇인가?

① 긴급제동시설
② 방호울타리
③ 충격흡수시설
④ 과속방지시설

해설 충격흡수시설은 도로상의 구조물과 충돌할 위험이 있는 곳에 설치하여 충격에너지를 흡수하여 차량을 정지하게 하거나 방향을 교정하여 주행차로로 안전하게 복귀시키는 시설이다.

핵심문제 45

충격흡수시설에 대한 설명으로 틀린 것은?

① 본래 주행차로로 복귀
② 도로상 구조물과 충돌하기 전 자동차 충격에너지 흡수
③ 충돌 예상 장소에 설치
④ 사람과의 직접적 충돌로 인한 사고피해 감소

해설 충격흡수시설은 주행차로를 벗어난 차량이 고정된 구조물 등과 직접 충돌하는 것을 방지하여 교통사고 피해를 낮추는 시설이다.

핵심문제 46

정차하려는 버스와 우회전하려는 자동차가 상충될 수 있는 단점이 있는 가로변 버스정류소는?

① 도로구간 외 정류소
② 도로구간 내 정류소
③ 교차로 통과 전 정류소
④ 교차로 통과 후 정류소

해설 버스 정류소가 교차로 통과 전에 있으면 우회전하려는 자동차가 정차하고 있는 버스에 의해 간섭을 받게 되어 우회전 차량들에 대한 정체가 일어나게 된다.

정답 42 ④ 43 ① 44 ③ 45 ④ 46 ③

핵심문제 47

버스승객의 승·하차를 위하여 본선 차로에서 분리하여 설치한 띠 모양의 공간은?

① 버스정류장

② 버스정류소

③ 간이 버스정류장

④ 간이 휴게소

해설 버스정류장(Bus Bay)은 버스가 정차하는 부근의 차도 외측 시설을 깊게 도려내어 보도 측으로 차도를 넓힌 장소를 말한다. 버스정류소(Bus Stop)는 도로상의 오른쪽 차로를 그대로 이용하는 공간이다.

핵심문제 48

비상주차대가 설치되는 장소가 아닌 것은?

① 고속도로에서 길어깨(갓길) 폭이 2.5m 미만으로 설치되는 경우

② 길어깨(갓길)를 축소하여 건설되는 긴 교량의 경우

③ 긴 터널의 경우

④ 오르막도로의 커브가 심한 경우

해설 오르막도로의 커브가 심한 경우 비상주차대를 설치하면 시야 확보가 되지 않아 매우 위험하다.

핵심문제 49

규모에 따른 휴게시설의 종류로 볼 수 없는 것은?

① 고속도로휴게소

② 간이휴게소

③ 화물차휴게소

④ 일반휴게소

해설 휴게시설은 규모에 따라 일반휴게소, 화물차휴게소, 간이휴게소, 졸음쉼터로 구분한다.

핵심문제 50

인지, 판단의 기술 중 운전에 있어 중요한 정보의 90% 이상을 담당하는 감각기관은?

① 시각

② 청각

③ 후각

④ 촉각

해설 운전에 있어 중요한 정보의 90% 이상을 시각을 통해 얻는다.

핵심문제 51

안전운전을 위한 효율적인 정보처리 과정의 순서로 맞게 나열된 것은?

① 예측 – 판단 – 확인 – 실행

② 예측 – 확인 – 판단 – 실행

③ 확인 – 예측 – 판단 – 실행

④ 확인 – 판단 – 예측 – 실행

해설 안전운전을 위한 효율적인 정보처리 과정은 확인 → 예측 → 판단 → 실행이다.

핵심문제 52

인지, 판단의 기술 중 확인방법으로 틀린 것은?

① 주행차로를 중심으로 전방의 먼 곳을 살핀다.

② 후사경과 사이드미러를 주기적으로 살펴 좌우와 뒤에서 접근하는 차량들의 상태를 파악한다.

③ 도로 전방의 한 곳에 시선을 고정하여 교통상황을 파악한다.

④ 가까운 곳은 좌우로 번갈아 보면서 도로 주변 상황을 탐색한다.

해설   도로 전방의 한 곳에 시선을 고정하면 교통상황을 파악하기 어렵다. 주행 시 시선은 좌우 및 후사경을 통해 후방까지 체크하면서 넓은 시야각을 확보해야 한다.

핵심문제 53

목적지를 찾느라 전방을 주시하지 못해 보행자와 충돌했다면 다음 중 무엇과 관련이 있는가?

① 주의의 정착   ② 주의의 분산

③ 주의의 고착   ④ 주의의 분할

해설   어느 한 물체에 시선과 집중이 오래 머무는 현상을 주의의 고착이라고 한다.

핵심문제 54

위험에 대해 신중한 운전자(위험 회피자)는 운전자의 행동특성에 따라 예측회피반응집단과 자연회피반응집단으로 구분이 가능하다. 이 중 예측회피반응집단의 행동특성으로 맞지 않는 것은?

① 사전 적응력   ② 위험에 대한 저속 접근

③ 위험에 대한 높은 감내성   ④ 인지적 접근

해설   예측회피반응집단은 위험에 대한 감내성이 떨어진다.

핵심문제 55

시야 고정이 많은 운전자의 특성이라 볼 수 없는 것은?

① 위험에 대응하기 위해 경적이나 전조등을 지나치게 자주 사용한다.

② 더러운 창이나 안개에 개의치 않는다.

③ 거울이 더럽거나 방향이 맞지 않는데도 개의치 않는다.

④ 정지선 등에서 정차 후 다시 출발할 때 좌우를 확인하지 않는다.

해설   시야 고정이 많은 운전자는 위험에 대한 인지력이 부족하기 때문에 경적이나 전조등을 활용하는 빈도가 낮다.

핵심문제 56

회전을 하거나 차로를 변경할 경우에 가장 우선적으로 고려해야 할 운전기술은?

① 눈을 계속해서 움직인다.   ② 전방 가까운 곳을 잘 살핀다.

③ 차가 빠져나갈 공간을 확보한다.   ④ 다른 사람들이 나를 볼 수 있게 한다.

해설   회전 또는 차로 변경 시 다른 사람들이 자신을 인지하고 잘 볼 수 있게 해야 한다.

핵심문제 57

뒤차가 바짝 붙어서 주행하는 상황을 피할 수 있는 방법으로 옳지 않은 것은?

① 가능하면 차로는 변경하지 않고 직진한다.

② 가능하면 속도를 약간 내서 뒤차와의 거리를 늘린다.

③ 정지할 공간을 확보할 수 있게 점진적으로 속도를 줄여서 뒤차가 추월할 수 있게 만든다.

④ 브레이크 페달을 가볍게 밟아서 제동등이 들어오게 하여 속도를 줄이려는 의도를 뒤차가 알 수 있게 한다.

해설 뒤차가 바짝 붙어서 주행하는 상황이라면 뒤차가 자신을 앞질러 지나갈 수 있도록 해주는 것이 좋다.

핵심문제 58

다음 중 안전운전의 5가지 기본기술과 관계가 없는 것은?

① 눈을 계속해서 움직인다.　　　　　　　　② 다른 사람들이 자신을 볼 수 있게 한다.

③ 전방 가까운 곳을 잘 살핀다.　　　　　　④ 차가 빠져나갈 공간을 확보한다.

해설 운전 중에는 전방을 멀리 주시하여 예측하기 어려운 상황이 일어나지 않도록 한다.

핵심문제 59

방어운전에 대한 설명으로 옳지 않은 것은?

① 사고유형 패턴의 실수를 예방하기 위한 방법이다.

② 신호를 예측하여 관성으로 차량을 정지시켜 방어하는 방법을 말한다.

③ 사람들의 행동을 예상하고 적절한 시기에 차량의 속도와 위치를 바꾸는 운전을 말한다.

④ 다른 차량을 위험한 상황으로부터 보호해주는 운전기술을 의미한다.

해설 신호를 예측하는 행위는 도로교통법에 따라 신호위반에 해당한다.

핵심문제 60

다음 중 눈, 비 올 때의 미끄러짐 사고를 예방하기 위한 운전법이 아닌 것은?

① 다른 차량 주변으로 가깝게 다가가지 않는다.

② 제동이 제대로 되는지를 수시로 살펴본다.

③ 제동상태가 나쁠 경우 도로 조건에 맞춰 속도를 낮춘다.

④ 앞차와의 거리를 좁혀 앞차의 궤적을 따라간다.

해설 눈, 비가 오는 상황에서는 제동거리가 길어지기 때문에 앞차와의 거리를 좁히면 위험하다.

핵심문제 61

브레이크와 타이어 등 차량 결함 사고 발생 시 대처방법으로 옳지 않은 것은?

① 차의 앞바퀴가 터지는 경우 핸들을 단단하게 잡아 차가 한 쪽으로 쏠리는 것을 막고, 의도한 방향을 유지한 다음 속도를 줄인다.

② 앞바퀴의 바람이 빠져 차가 한쪽으로 미끄러지는 것을 느끼면 핸들 방향을 미끄러지는 반대 방향으로 돌려주어 대처한다.

③ 앞 · 뒤 브레이크가 동시에 고장 시 브레이크 페달을 반복해서 빠르고 세게 밟으면서 주차 브레이크도 세게 당기고 기어도 저단으로 바꾼다.

④ 페이딩 현상이 일어나면 차를 멈추고 브레이크가 식을 때까지 기다린다.

해설 뒷바퀴의 바람이 빠져 차가 한쪽으로 미끄러지는 것을 느끼면 핸들 방향을 미끄러지는 방향으로 돌려주어 대처한다.

정답　　57 ①　58 ③　59 ②　60 ④　61 ②

핵심문제 62

방어운전은 운전자가 사고 당시에 합리적으로 행동했다면 예방 가능했던 교통사고가 몇 % 이상이라는 것을 전제로 하는가?

① 70%
② 80%
③ 90%
④ 100%

해설 방어운전만 제대로 한다면 교통사고의 90% 이상은 예방이 가능하다.

핵심문제 63

시가지에서의 방어운전 중 시인성 다루기 방법으로 옳지 않은 것은?

① 항상 예기치 못한 정지나 회전에 대한 마음의 준비를 한다.
② 주의표지나 신호에 대해서도 감시를 늦추지 말아야 한다.
③ 빌딩이나 주차장 등의 입구나 출구 앞에서는 충돌 방지를 위해 신속히 통과한다.
④ 전방 차량 후미의 등화에 지속적으로 주의한다.

해설 빌딩이나 주차장 등의 입구나 출구 앞에서는 보행자가 언제 어디서 나올지 예측하기 어려우므로 서행하거나 일시정지하여 안전을 확인한 후 통과한다.

핵심문제 64

시가지 교차로에서의 방어운전 요령을 바르게 설명한 것은?

① 교차로에 접근하면서 먼저 오른쪽과 왼쪽을 살펴보면서 교차방향 차량을 관찰한다. 그 다음에는 다시 왼쪽을 살핀다.
② 교차로에 접근하면서 먼저 왼쪽과 오른쪽을 살펴보면서 교차방향 차량을 관찰한다. 그 다음에는 다시 왼쪽을 살핀다.
③ 교차로에 접근하면서 전방신호기만을 확인한 후 주행방향으로 진행한다.
④ 교차로에 접근할 경우는 앞차의 주행상황을 맹목적으로 따라간다.

해설 교차로에 접근하면 우선 왼쪽에서 오는 차량을 살핀 후 오른쪽을 살펴 교차방향 차량을 관찰하고, 다시 왼쪽을 살핀다.

핵심문제 65

시가지 교차로에서의 방어운전 중 버스 회전 시 주변에 있는 물체와 접촉할 가능성이 높아지는 것은 버스의 어떤 특성 때문인가?

① 내륜차가 승용차에 비해 크다.
② 운전석에서 볼 수 없는 곳이 승용차에 비해 넓다.
③ 바퀴 크기가 승용차보다 크다.
④ 무게가 승용차에 비해 무겁다.

해설 버스는 내륜차가 일반 승용차에 비해 훨씬 크기 때문에 좌우 회전 시 주변에 있는 물체와 접촉할 가능성이 높아진다.

핵심문제 66

시가지 이면도로에서 위험하게 느껴지는 자동차나 자전거 · 보행자 등을 발견하였을 때의 방어운전 방법으로서 부적절한 것은?

① 그 움직임을 주시하면서 운행한다.
② 상대에게 경음기나 전조등 등으로 주의를 주면서 운행한다.
③ 자전거나 이륜차의 갑작스런 회전 등에 대비한다.
④ 주 · 정차된 차량이 출발하려고 할 때에는 감속하여 안전거리를 확보한다.

해설 시가지 이면도로에서는 보행자 우선임을 명심하며 서행 및 안전거리를 유지한다. 경음기나 전조등을 이용하는 것은 적절한 방어운전이 아니다.

정답   62 ③   63 ③   64 ②   65 ①   66 ②

핵심문제 67

어린이보호구역이 있는 시가지 이면도로에서의 방어운전 방법으로서 가장 적절하지 않은 것은?

① 시속 40km 정도로 주행한다.

② 자동차나 어린이가 갑자기 출현할 수 있다는 생각을 가지고 운전한다.

③ 언제라도 곧 정지할 수 있는 마음의 준비를 갖춘다.

④ 위험한 대상물이 있는지 계속 살펴본다.

해설　어린이보호구역의 제한 속도는 시속 30km이다.

핵심문제 68

지방도에서 사고예방을 위한 운전방법으로 적절하지 않은 것은?

① 천천히 움직이는 차는 바로 앞지르기를 시행한다.

② 교통신호등이 없는 교차로에서는 언제든지 감속 또는 정지 준비를 한다.

③ 낯선 도로를 운전할 때는 미리 갈 노선을 계획한다.

④ 동물이 주행로를 가로질러 건너갈 때는 속도를 줄인다.

해설　2차로 도로가 많고 교통량이 적은 지방도에서는 안전속도에 맞게 주행하되, 천천히 움직이는 차가 있으면 흐름을 파악하고 필요에 따라 속도를 조절한다.

핵심문제 69

지방도에서의 시인성 확보를 위해 전방 몇 초의 상황을 확인하는 것이 좋은가?

① 1~4초　② 5~8초　③ 9~11초　④ 12~15초

해설　지방도에서 시인성 확보를 위해서는 문제를 야기할 수 있는 전방 12~15초의 상황을 확인한다.

핵심문제 70

회전 시, 앞지르기를 할 때 등에 신호를 하는 것은 어떤 전략에 속하는가?

① 시간을 다루는 전략　② 공간을 다루는 전략　③ 시인성을 다루는 전략　④ 운전조작 전략

해설　주행 중 자신의 의도를 신호로 나타내는 것은 잘 보이게 하기 위한 것이므로 시인성을 다루는 전략에 속한다.

핵심문제 71

커브길 주행 시 방어운전 방법으로 바르지 않은 것은?

① 급커브길에서 앞지르기 금지표지가 없을 경우에는 안전상황에 대한 확인 없이 앞지르기한다.

② 경음기, 전조등을 사용하여 내 차의 존재를 반대 차로 운전자에게 알린다.

③ 겨울철 커브길에서는 사전에 충분히 감속한다.

④ 진입 전 감속된 속도에 맞는 기어로 변속한다.

해설　금지표지가 없다고 하더라도 전방의 안전에 대한 확인이 없는 경우 절대 앞지르기를 해서는 안 된다.

핵심문제 72

오르막길에서의 안전운전 및 방어운전의 방법으로 부적절한 것은?

① 오르막길에서 부득이하게 앞지르기 할 때에는 가급적 고단 기어를 사용하는 것이 안전하다.

② 정차해 있을 때에는 가급적 풋 브레이크와 핸드브레이크를 동시에 사용한다.

③ 오르막길의 정상 부근은 시야가 제한되므로 서행하며 위험에 대비한다.

④ 정차할 때에는 앞차가 뒤로 밀려 충돌할 가능성이 있으므로 충분한 차간거리를 유지한다.

해설 오르막길에서 부득이하게 앞지르기 할 때에는 가속력과 힘이 좋은 저단 기어를 사용하는 것이 안전하다.

핵심문제 73

고속도로에서의 방어운전 방법으로 옳지 않은 것은?

① 차로를 변경하기 위해서는 핸들을 점진적으로 튼다.

② 여러 차로를 가로지를 필요가 있을 경우에도 한 번에 한 차로씩 옮겨간다.

③ 고속으로 주행하기 때문에 차로 변경 시 신호하지 않아도 된다.

④ 교량, 터널 등 차로가 줄어드는 곳에서는 속도를 줄이고 주의하여 진입한다.

해설 고속으로 주행하는 상황에서는 빠른 대처가 어렵기 때문에 미리 자신의 의도를 주변 차량들이 인지할 수 있도록 차로 변경 시 반드시 신호하여야 한다.

핵심문제 74

고속도로에서의 시인성, 시간, 공간의 관리 중 공간을 관리하는 운전 전략으로 부적절한 것은?

① 앞지르기를 마무리할 때 앞지르기 한 차량의 앞으로 너무 일찍 진입하지 않도록 한다.

② 뒤로 바짝 붙는 차량이 있으면 안전을 확인하고 다른 차로로 변경하여 먼저 갈 수 있도록 양보한다.

③ 도로의 차로수가 갑자기 줄어드는 곳을 특히 주의한다.

④ 주행 시 내 차량의 앞으로 진입하려는 차량이 있을 때에는 전조등 등을 이용하여 경고한다.

해설 고속도로 주행 시 내 차량의 앞으로 진입하려는 차량이 있을 때에는 가급적 양보한다.

핵심문제 75

진입차선을 통해 고속도로로 들어갈 때 방어운전을 위해 유지해야 할 최소한의 시간간격은?

① 10초　　　　　　　　　　　　　② 8초

③ 4초　　　　　　　　　　　　　④ 2초

해설 진입차선을 통해 고속도로로 들어갈 때에는 최소한 4초의 시간간격을 유지한다.

핵심문제 76

고속도로 진입부에서의 안전운전을 위한 주의사항으로 거리가 먼 것은?

① 본선 진입의도를 다른 차량에게 방향지시등으로 알린다.

② 본선 차량의 교통흐름을 방해하지 않도록 한다.

③ 본선 진입 시기를 잘못 맞추면 교통사고가 발생할 수 있다.

④ 가속차로 끝부분에서 속도를 낮춘다.

해설 뒤차의 추돌방지 및 원활한 교통 흐름을 위해 진입을 위한 가속차로 끝부분에서는 속도를 유지한다.

핵심문제 77

앞지르기 순서와 방법상의 주의사항으로 부적절한 것은?

① 좌측 및 우측 차로의 상황을 살피고 앞지르기가 쉬운 차로로 앞지르기를 시도한다.

② 전방의 안전을 확인하는 동시에 후사경 등으로 진입할 차로의 전·후방을 확인한다.

③ 최고속도의 제한범위 내에서 가속하여 진로를 변경한다.

④ 앞지르기 당하는 차를 후사경으로 볼 수 있는 거리까지 주행하며 방향지시등을 켠 다음 진입한다.

해설 모든 차의 운전자는 다른 차를 앞지르려면 앞차의 좌측으로 통행하여야 한다(도로교통법 제21조 제1항).

핵심문제 78

앞차가 좌측으로 진로를 바꾸려고 하거나 다른 차를 앞지르려고 할 때 올바른 앞지르기 방법은?

① 앞차가 앞지르기를 하고 있는 때에는 앞지르기를 시도하지 않는다.

② 다차로에서 앞차가 좌측으로 진로를 바꾸면 우측으로 진로를 변경해 앞지르기를 시도한다.

③ 앞차가 앞차를 앞지르려고 하는 경우 좌측의 공간이 있다면 같이 앞지르기를 시도한다.

④ 앞차가 앞지르기를 시작해서 앞지르기 당하는 차를 지나칠 때 쯤 앞지르기를 시도한다.

해설 앞차가 진로 변경이나 앞지르기를 시작해서 완료할 때까지는 안전을 위해 앞지르기를 시도하지 않는다.

핵심문제 79

다른 차가 자신의 차를 앞지르기할 때의 방어운전에 대한 설명으로 부적절한 것은?

① 앞지르기를 시도하는 차가 원활하게 주행차로로 진입할 수 있도록 속도를 줄여준다.

② 앞지르기 금지장소 등에서도 앞지르기를 시도하는 차가 있다는 사실을 염두에 두고 주행한다.

③ 앞지르기 금지장소에서 후속차량이 앞지르기를 시도할 경우 안전을 위해 앞 차량과의 간격을 좁혀 시도를 막는다.

④ 앞지르기를 시도하는 차가 안전하고 신속하게 앞지르기를 완료할 수 있도록 한다.

해설 앞 차량과의 간격을 좁히면 충돌위험이 커진다.

핵심문제 80

야간의 안전운전을 위해 기억해야 할 사항과 거리가 먼 것은?

① 밤에 앞차의 바로 뒤를 따라갈 때에는 전조등 불빛의 방향을 아래로 향하게 한다.

② 자동차의 전조등 불빛이 강할 때는 선글라스를 착용하고 운전한다.

③ 흑색 등 어두운 색의 옷차림을 한 보행자의 확인에 세심한 주의를 기울여야 한다.

④ 자동차가 서로 마주보고 진행하는 경우에는 전조등 불빛의 방향을 아래로 향하게 한다.

해설 야간에 선글라스를 착용하고 운전하는 것은 위험한 행동이다.

핵심문제 81

보행자가 교차하는 차량의 불빛 중간에 있게 되면 운전자가 순간적으로 보행자를 전혀 보지 못하는 현상을 말하는 것은?

① 현혹현상   ② 증발현상

③ 명순응   ④ 암순응

해설 ① 현혹현상 : 마주 오는 차량의 전조등 불빛에 노출되어 순간적으로 앞을 보지 못하는 현상
③ 명순응 : 어두운 곳에서 밝은 곳으로 나오면 처음에 눈이 부시다가 곧 적응하는 것
④ 암순응 : 밝은 곳에서 어두운 곳으로 들어가면 처음에는 보이지 않던 것이 시간이 지남에 따라 차차 보이는 것

핵심문제 82

야간에 안전운전을 위한 주의사항으로 거리가 먼 것은?

① 어두운 색의 옷차림을 한 보행자의 확인에 더욱 세심한 주의를 기울인다.

② 대향차의 전조등 불빛이 강할 때는 선글라스를 착용하고 운전한다.

③ 자동차가 서로 마주보고 진행하는 경우에는 전조등의 방향을 아래로 향하게 한다.

④ 밤에 앞차의 바로 뒤를 따라 갈 때에는 전조등 불빛방향을 아래로 향하게 한다.

해설 선글라스는 햇빛이 강하여 눈부심이 오래 지속되는 경우에 한시적으로 사용하고, 야간 운전 중에는 안전을 위해 착용하지 않는다.

핵심문제 83

야간에 식별이 가장 곤란한 보행자는 어떤 옷을 입은 보행자인가?

① 흰색 옷을 입은 보행자

② 흑색 옷을 입은 보행자

③ 밝은색 옷을 입은 보행자

④ 불빛에 반사가 잘되는 소재의 옷을 입은 보행자

해설 빛에 반사가 잘 되지 않는 어두운 옷을 입은 보행자는 야간에 식별이 곤란하다.

핵심문제 84

경제운전의 효과와 거리가 먼 것은?

① 교통소통 증진효과

② 고장수리 및 유지관리작업 등 시간손실 감소효과

③ 공해배출 등 환경문제의 감소효과

④ 차량관리, 고장수리, 타이어 교체 등 비용 감소효과

해설 경제운전은 연비의 향상과 차량의 유지에 도움을 주며 교통소통과는 관계가 없다.

핵심문제 85

경제운전을 설명한 것 중 거리가 먼 것은?

① 여러 가지 외적 조건에 따라 운전방식을 맞추어 연료 소모율 등을 낮추는 방식이다.

② 공기압력이 낮은 타이어의 사용은 경제운전에 도움이 된다.

③ 공해배출을 최소화함과 동시에 안전의 목적도 달성하기 위한 운전방식이다.

④ 친환경 경제운전을 에코드라이빙이라고 부르기도 한다.

해설 공기압력이 낮은 타이어를 사용하면 노면 저항력이 커지게 되어 연비가 나빠진다.

핵심문제 86

경제운전과 기어변속과의 관계를 적절히 설명한 것이 아닌 것은?

① 엔진회전속도가 2,000~3,000RPM인 상태에서 고단기어 변속이 바람직하다.

② 가능한 한 빨리 고단 기어로 변속하는 것이 좋다.

③ 반드시 저단 기어 상태에서 차를 멈춰야 한다.

④ 기어변속은 반드시 순차적으로 해야 하는 것은 아니다.

해설 반드시 저단 기어 상태에서 차를 멈춰야 하는 것은 아니다.

핵심문제 87

버스의 엔진 시동 및 출발에 대한 요령으로 부적절한 것은?

① 브레이크에서 발을 떼고 차가 앞으로 나갈 때 엑셀러레이터에 발을 올리면서 클러치에서 발을 떼면서 출발한다.

② 엔진 시동을 걸 때는 최대 RPM으로 엔진을 회전시켜 적정한 오일 압력이 유지되도록 한다.

③ 오일이 엔진의 다양한 윤활지점에 도달하여야 이상 없이 출발할 수 있다.

④ 오일 압력이 적정하게 되면 부드럽게 출발한다.

해설 엔진 시동을 걸 때는 적정 속도로 엔진을 회전시켜 적정한 오일 압력이 유지되도록 한다.

핵심문제 88

자동차를 출발시키고자 할 때 기본 운전수칙으로 적당하지 않은 것은?

① 주차상태에서 출발할 때에는 차량의 사각지점을 고려하여 전후, 좌우의 안전을 직접 확인한다.

② 시동을 걸 때에는 기어가 들어가 있는지를 확인한다.

③ 출발할 때에는 자동차 문을 완전히 닫은 상태에서 출발한다.

④ 출발 후 진로변경이 끝난 후에도 방향지시등을 지속적으로 유지시킨다.

해설 주행 중인 운전자들에게 혼란을 주지 않기 위해 진로변경이 끝난 후에는 즉각 방향지시등을 소등한다.

핵심문제 89

정류소에서 출발할 때에 가장 우선적으로 해야 하는 것은?

① 기어변속을 한다.　　　　　　　② 방향지시등을 작동한다.

③ 차문을 닫는다.　　　　　　　　④ 가속을 한다.

해설 정류소에서 출발할 때에는 출입문을 닫은 상태에서 방향지시등을 작동시켜 주행 중인 차량에 주행 의사를 표시한 후 출발해야 한다.

핵심문제 90

안전한 주행을 위한 방법으로 적당하지 않은 것은?

① 교통량이 많은 곳에서는 후미추돌을 방지하기 위하여 감속 주행한다.

② 곡선반경이 작은 도로에서는 감속하여 안전하게 통과한다.

③ 터널 등 조명조건이 불량한 곳에서는 최대한 가속하여 빨리 벗어난다.

④ 주행하는 차들과 제한속도를 넘지 않는 범위 내에서 속도를 맞추어 주행한다.

해설 터널 등 조명조건이 불량한 곳에서는 감속 주행하여 예측하기 어려운 상황에 대비해야 한다.

핵심문제 91

차량점검이 필요한 시기에 대한 설명 중 부적절한 것은?

① 교통체증으로 인한 정체 시　　　② 운행시작 전 또는 종료 후

③ 운행 중간 휴식시간　　　　　　④ 운행 중에 차량의 이상이 발견된 경우

해설 정체 상태의 도로 역시 도로 주행 중인 상태이므로 차량점검을 해서는 안 된다. 긴급한 문제가 있을 경우 갓길에 차를 세우고 살피도록 한다.

정답　　87 ②　88 ④　89 ③　90 ③　91 ①

핵심문제 92

여름철 주행 후 세차가 가장 중요한 상황은?

① 고속도로 주행 후

② 시외도로 주행 후

③ 시내도로 주행 후

④ 해안도로 주행 후

해설 해안도로는 강한 염기로 인해 차량 하부 부식 가능성이 높기 때문에, 해안도로 주행 후에는 반드시 세차해야 한다.

핵심문제 93

와이퍼 작동상태의 점검방법으로 거리가 먼 것은?

① 와이퍼가 정상적으로 작동하는지를 확인한다.

② 유리면과 접촉하는 와이퍼 블레이드가 닳지 않았는지를 점검한다.

③ 노즐의 분출구가 막히지 않았는지, 노즐의 분사 각도는 양호한지를 점검한다.

④ 냉각수가 충분한지 점검한다.

해설 냉각수가 아니라 와셔액이 충분한지 점검해야 한다.

핵심문제 94

여름철 차량 내부의 습기 제거에 대한 설명으로 적합하지 않은 것은?

① 차량 내부에 습기가 있는 경우에는 차체의 부식이나 악취발생을 방지하기 위하여 습기를 제거하여야 한다.

② 폭우 등으로 물에 잠긴 차량은 배선의 수분을 제거하지 않은 상태에서 시동을 걸면 전기장치의 퓨즈가 단선될 수 있다.

③ 폭우 등으로 물에 잠긴 차량은 우선적으로 습기를 제거해야 한다.

④ 습기를 제거할 때에는 배터리를 연결한 상태에서 실시한다.

해설 습기 제거 시에는 감전사고의 예방을 위해 반드시 배터리를 분리한다.

핵심문제 95

여름철 교통사고 위험요인으로 거리가 가장 먼 것은?

① 불쾌지수

② 수면부족

③ 열대야 현상

④ 춘곤증

해설 나른한 피로감과 졸음을 동반하는 춘곤증은 봄철에 나타나는 현상이다.

핵심문제 96

겨울철 교통사고 위험요인에 대한 설명으로 가장 적절하지 않은 것은?

① 적은 양의 눈이 내려도 바로 빙판길이 될 수 있기 때문에 자동차 간의 충돌, 추돌 또는 도로 이탈 등의 사고가 발생할 수 있다.

② 먼 거리에서는 도로의 노면이 평탄하고 안전해 보이지만 실제로는 빙판길인 구간이나 지점을 접할 수 있다.

③ 보행자의 경우 안전한 보행을 위하여 보행자가 확인하고 통행하여야 할 사항에 대한 집중력이 강화되어 사고위험이 감소하는 계절이다.

④ 한 해를 마무리하는 시기로 사람들의 마음이 바쁘고 들뜨기 쉬운 계절이다.

해설 겨울철에는 운전에 대한 집중력이 약화되어 보행자와의 사고위험이 높아진다.

정답   92 ④ 93 ④ 94 ④ 95 ④ 96 ③

04 운송서비스

01 올바른 서비스 제공을 위한 요소
- 단정한 용모와 복장
- 밝은 표정
- 공손한 인사
- 친근한 말투
- 따뜻한 응대

02 승객의 욕구
- 편안해지고 싶어 한다.
- 관심을 받고 싶어 한다.
- 기대와 욕구를 수용하고 인정받고 싶어 한다.

03 승객만족
- 승객의 기대에 부응하는 양질의 서비스를 제공하여 승객이 만족감을 느끼게 하는 것이다.
- 실제로 승객을 상대하고 승객을 만족시키는 사람은 최일선의 운전자이다.
- 승객이 직접 접한 운전자가 불만족스러운 서비스를 제공했다면, 승객은 그 한 명을 통해 회사 전체를 평가하게 된다.

04 승객만족을 위한 기본예절
- 승객의 입장을 이해하고 존중한다.
- 승객의 여건, 능력, 개인차를 인정하고 배려한다.
- 승객의 결점이 발견되더라도 이를 지적할 때는 진지한 충고와 격려로 해야 한다.
- 승객과의 대화 시 자신의 감정을 앞세워서는 안 되고 특히 언성을 높여서는 안 된다.

05 올바른 직업윤리 : 소명의식, 천직의식, 직분의식, 봉사정신, 전문의식, 책임의식

06 운행기록계와 속도제한장치 관련 기준 : 자동차 및 자동차부품의 성능과 기준에 관한 규칙에서 규정하고 있다.

07 전세버스의 앞바퀴에 재생 타이어를 사용해서는 안 된다.

08 운행 전 사업용 자동차의 안전설비와 등화장치 등의 이상 유무를 확인한다.

09 승객을 제지하고 필요한 사항을 안내해야 하는 경우
- 폭발성 물질, 인화성 물질 등의 위험물을 자동차 안으로 가지고 들어오는 경우
- 전용 운반상자 없이 애완동물을 자동차 안으로 데리고 들어오는 경우
- 자동차의 출입구를 막을 우려가 있는 물품을 자동차 안으로 가지고 들어오는 경우

10 장애인복지법에 따라 장애인 보조견을 동반한 장애인이 대중교통수단을 이용하려는 때에는 정당한 사유 없이 거부하여서는 아니 된다.

11 나쁜 운전습관이 몸에 배면 나중에 고치기 어렵게 되고, 이러한 잘못된 습관은 교통사고로 연결되기 쉽다.

12 앞 신호에 따라 진행하고 있는 차가 있을 때에는 해당 차량이 안전하게 통과하는 것을 확인한 후에 출발한다.

13 전조등의 올바른 사용방법
- 야간운전의 안전운행을 위하여 필요한 경우 상향등을 사용한다.
- 반대차로에 차가 있으면 반대차로 운전자의 눈부심 현상 방지를 위하여 변환빔(하향등)으로 조정한다.
- 야간에 커브길에 진입하는 경우 반대차로의 차량이 자신의 진입을 알 수 있도록 상향등을 깜빡여 표시한다.

14 운행 전에 미리 확인하여야 하는 사항 : 배차사항, 지시 및 전달사항

15 버스준공영제
- 민간운수업체가 서비스를 공급하되 지방자치단체가 노선입찰이나 재정지원 등을 통해 공공성을 확보하는 제도
- 목표 : 대중교통 이용 활성화, 시민 신뢰 확보, 버스에 대한 이미지 개선
- 형태 : 노선 공동관리형, 수입금 공동관리형, 자동차 공동관리형

16 버스요금체계의 유형
- 단일운임제 : 이용거리와 무관하게 일정하게 설정된 요금을 부과하는 요금체계
- 구역운임제 : 운행 구간을 몇 개의 구역으로 나누고 동일 구역 내에서는 균일하게 요금을 부과하는 요금체계
- 거리운임요율제(거리비례제) : 정해진 단위거리당 요금과 이용거리를 곱해 산정한 요금을 부과하는 요금체계
- 거리체감제 : 이용거리가 증가함에 따라 단위당 운임이 낮아지는 요금체계
- 자율요금제 : 사업자가 자율적으로 요금을 설정하는 요금체계

17 전세버스 및 특수여객은 운수사업자가 자율적으로 요금을 결정한다.

18 간선급행버스체계(BRT)
- 도심과 외곽을 연결하는 주요 간선도로에 버스전용차로를 설치하여 급행버스를 운행하는 것
- 효과 : 신속성 및 정시성 향상, 버스운행정보의 실시간 제공, 환경오염 감소
- 구성요소 : 통행권 확보(독립된 전용도로), 교차로 시설 개선, 자동차 개선, 환승시설(환승시스템) 개선, 운행관리시스템(지능형 교통시스템) 등

19 버스운행관리시스템(BMS)
- 차내 장치를 설치한 버스와 종합사령실을 유무선 네트워크로 연결해 버스의 위치나 사고정보 등을 버스회사와 운수종사자에게 실시간으로 전송하는 시스템
- 운행의 안전성을 확보하고 서비스의 질을 제고
- 버스운행관제, 운행상태 등 버스정책 수립 등을 위한 기초자료를 획득

20 버스정보시스템(BIS)
- 버스와 정류장에 설치된 무선 송수신기를 통해 버스의 위치 등을 실시간으로 파악하고, 이를 바탕으로 이용자에게 실시간 버스운행정보를 제공하는 첨단교통시스템
- 버스이용자에게 운행정보를 제공함으로써 버스의 활성화를 도모

21 버스전용차로 설치 구간
- 대중교통 이용자들의 폭넓은 지지를 받는 구간
- 전용차로를 설치하고자 하는 구간의 교통정체가 심한 곳
- 버스통행량이 일정수준 이상이고, 1인 승차 승용차의 비중이 높은 구간
- 편도 3차로 이상의 도로로 기하구조가 버스전용차로 설치에 적당한 구간

22 중앙버스전용차로의 장점
- 일반 차량과의 마찰을 최소화
- 정체가 심한 구간에서 더욱 효과적
- 대중교통의 통행속도 제고 및 정시성 확보에 유리
- 대중교통 이용자의 증가 도모
- 가로변 상업활동 보장

23 IC카드의 종류 : 접촉식, 비접촉식, 하이브리드방식, 콤비방식

24 교통카드 시스템
- 정산시스템 : 처리된 모든 거래기록을 데이터베이스화
- 충전시스템 : 교통카드에 금액을 재충전
- 중앙처리시스템 : 중앙 컴퓨터에서 데이터를 집중적으로 처리
- 집계시스템 : 단말기와 정산시스템을 연결
- 단말기 : 카드인식장치, 정보처리장치, 킷값 관리장치, 정보저장장치 등으로 구성

25 교통사고 용어
- 전복사고 : 차가 주행 중 도로 또는 도로 이외의 장소에 뒤집혀 넘어진 것
- 접촉사고 : 차가 추월, 교행 등을 하려다가 차의 좌우 측면을 서로 스친 것
- 충돌사고 : 차가 반대방향 또는 측방에서 진입하여 그 차의 정면으로 다른 차의 정면 또는 측면을 충격한 것
- 추돌사고 : 2대 이상의 차가 동일 방향으로 주행 중 뒤차가 앞차의 후면을 충격한 것

26 사고현장의 측정 및 사진촬영을 위해 확인해야 할 사항
- 사고지점 부근의 도로선형
- 사고지점의 위치
- 사고현장에 대한 가로방향 및 세로방향의 길이
- 차량 및 노면에 나타나는 물리적 흔적 및 시설물 등의 위치

27 심폐소생술(CPR)
- 인공호흡과 흉부압박법을 동시에, 지속적으로 시행하는 응급처치방법
- 심폐소생술 시행 시 30회의 가슴압박과 2회의 인공호흡을 반복(30:2의 비율)

28 재난 발생 시 운전자의 조치사항
- 승객의 안전조치를 우선으로 한다.
- 신속하게 차량을 안전지대로 이동시킨다.
- 즉각 회사 및 유관기관에 보고한다.
- 승객을 하차시킨 경우 안전한 곳으로 이동하여 구조를 기다린다.

핵심문제 01

올바른 서비스 제공을 위한 요소가 아닌 것은?

① 밝은 표정
② 단정한 용모와 복장
③ 공손한 인사
④ 퉁명스러운 말투

> **해설** **올바른 서비스 제공을 위한 요소**
> • 단정한 용모와 복장
> • 밝은 표정
> • 공손한 인사
> • 친근한 말투
> • 따뜻한 응대

핵심문제 02

올바른 고객서비스 제공을 위한 기본요소가 아닌 것은?

① 따뜻한 응대
② 과묵한 표정
③ 단정한 용모 및 복장
④ 공손한 인사

> **해설** 과묵한 표정이 아니라 밝은 표정이다.

핵심문제 03

고객서비스의 특징 중 무형성에 대한 설명으로 옳지 않은 것은?

① 서비스를 측정하기는 어렵지만 누구나 느낄 수 있다.
② 서비스는 공급자에 의해 제공됨과 동시에 승객에 의해 소비된다.
③ 버스 승차를 경험한 이후 서비스에 대한 질적 수준을 인지할 수 있다.
④ 운송서비스 수준은 버스의 운행횟수, 운행시간, 차종, 목적지 도착시간 등의 영향을 받을 수 있다.

> **해설** 제공과 동시에 소비되는 것은 서비스의 4가지 특징 중 동시성에 해당하는 특징이다. 무형성은 보이지 않는다는 의미이다.

 핵심문제 04

승객만족의 개념 및 중요성에 대한 설명으로 옳지 않은 것은?

① 승객만족이란 승객의 기대에 부응하는 양질의 서비스를 제공하여 승객이 만족감을 느끼게 하는 것이다.
② 지속적인 서비스 교육 시행 등 승객을 만족시키기 위한 분위기 조성은 경영자의 몫이다.
③ 실제로 승객을 상대하고 승객을 만족시키는 사람은 승객과 접촉하는 최일선의 운전자이다.
④ 승객이 느끼는 일부 운전자에 대한 불만족은 회사 전체 평가에는 크게 영향을 미치지 않는다.

> **해설** 다른 모든 운전자가 양질의 서비스를 제공했다 하더라도 승객이 직접 접한 운전자가 불만족스러운 서비스를 제공했다면, 승객은 그 한 명을 통해 회사 전체를 평가하게 된다. 따라서 일부 운전자에 대한 불만족 또한 회사 전체 평가에 큰 영향을 미친다.

 핵심문제 05

다음 중 일반적인 승객의 욕구와 거리가 먼 것은?

① 편안해지고 싶어 한다.
② 관심을 받고 싶어 한다.
③ 독특한 사람으로 인식되고 싶어 한다.
④ 기대와 욕구를 수용하고 인정받고 싶어 한다.

> **해설** ③은 일반적인 승객의 욕구와는 거리가 멀다.

정답   01 ④   02 ②   03 ②   04 ④   05 ③

핵심문제 06

승객만족을 위한 기본예절에 대해 설명한 것으로 맞지 않는 것은?

① 변함없는 진실한 마음으로 승객을 대한다.

② 승객의 입장을 이해하고 존중한다.

③ 승객의 여건, 능력, 개인차를 인정하고 배려한다.

④ 승객의 결점이 발견되면 바로 지적한다.

해설 승객의 결점이 발견되더라도 이를 지적할 때는 진지한 충고와 격려로 해야 한다.

핵심문제 07

승객만족을 위한 기본예절이라고 볼 수 없는 것은?

① 승객의 입장을 이해하고 존중하는 것 　② 인간관계에서 지켜야 할 도리

③ 승객의 결점을 지적하는 행위 　④ 진실된 마음으로 승객을 대하는 것

해설 승객의 결점을 지적하는 행위는 승객만족을 위한 기본예절로 볼 수 없다. 결점을 지적한다면 진지한 충고와 격려로 해야 한다.

핵심문제 08

승객을 위해서는 이미지 관리도 매우 중요하다. 이에 대한 설명으로 적절하지 않은 것은?

① 이미지란 개인의 사고방식, 생김새, 태도 등에 대해 상대방이 갖는 느낌이다.

② 의도적으로 긍정적인 이미지를 만들어야 한다.

③ 개인의 이미지는 본인에 의해 결정되는 것이다.

④ 이미지는 상대방이 보고 느낀 것에 의해 결정된다.

해설 개인의 이미지는 본인이 아닌 상대방이 보고 느낀 것에 의해서 결정된다.

핵심문제 09

승객에게 불쾌감을 주는 몸가짐과 거리가 먼 것은?

① 품위 있는 자세 　② 지저분한 손톱

③ 정리되지 않은 덥수룩한 수염 　④ 잠잔 흔적이 남아 있는 머릿결

해설 품위 있는 자세는 승객에게 서비스에 대한 만족감을 준다.

핵심문제 10

승객과의 대화 시 주의사항으로 옳지 않은 것은?

① 도전적으로 말하는 태도나 버릇은 조심한다. 　② 감정을 충분히 표현해 언성을 높인다.

③ 일부분을 보고 전체를 속단하여 말하지 않는다. 　④ 상대방의 말을 도중에 분별없이 차단하지 않는다.

해설 승객과의 대화 시 자신의 감정을 앞세워서는 안 되고 특히 언성을 높여서는 안 된다.

정답 　06 ④ 　07 ③ 　08 ③ 　09 ① 　10 ②

핵심문제 11

다음 중 올바른 직업윤리는?

① 직업생활의 최고 목표는 높은 지위에 올라가는 것이다.

② 사회봉사보다 자아실현이 중요하다.

③ 자신의 직업에 긍지를 느끼며 그 일에 열과 성을 다한다.

④ 직업에 대해 차별의식을 지닌다.

 해설 올바른 직업윤리는 소명의식, 천직의식, 직분의식, 봉사정신, 전문의식, 책임의식 등이다. 자신의 직업에 긍지를 느끼며 그 일에 열과 성을 다하는 것은 천직의식이다.

핵심문제 12

운송사업용 자동차의 운행기록계와 속도제한장치 관련 기준을 규정하고 있는 법규는?

① 자동차 및 자동차부품의 성능과 기준에 관한 규칙　　② 교통안전진단지침

③ 교통안전관리지침　　④ 도로교통법 시행규칙

 해설 자동차 및 자동차부품의 성능과 기준에 관한 규칙에서는 운송사업자용 자동차의 운행기록계(제56조)와 속도제한장치(제54조) 관련 기준을 규정하고 있다.

핵심문제 13

자동차의 장치 및 설비 등에 관한 준수사항 중에서 옳지 않은 것은?

① 전세버스의 앞바퀴는 재생 타이어를 사용해야 한다.

② 시외우등고속버스, 시외고속버스 및 시외직행버스의 앞바퀴의 타이어는 튜브리스 타이어를 사용해야 한다.

③ 노선버스의 차체에는 행선지를 표시할 수 있는 설비를 설치해야 한다.

④ 13세 미만의 어린이의 통학을 위하여 학교 및 보육시설의 장과 운송계약을 체결하고 운행하는 전세버스의 경우에는 교통안전법에 따라 어린이통학버스의 신고를 하여야 한다.

 해설 전세버스의 앞바퀴에 재생 타이어를 사용해서는 안 된다.

핵심문제 14

운수종사자의 준수사항이 아닌 것은?

① 승객의 안전과 사고예방을 위해 차량의 안전설비와 등화장치 등의 이상 유무를 확인한다.

② 어떠한 경우에도 운수종사자는 승객을 제지해서는 안 된다.

③ 사고로 운행을 중단할 때에는 사고 상황에 따라 적절한 조치를 취해야 한다.

④ 사고가 발생할 우려가 있다고 판단될 때에는 즉시 운행을 중지하고 적절한 조치를 취해야 한다.

해설 승객이 안전에 위협이 되는 행동을 하거나 다른 승객에게 불편을 초래하는 경우 이를 제지하고 필요한 사항을 안내해야 한다.

핵심문제 15

운수종사자의 준수사항 중 여객의 안전과 사고예방을 위하여 운행 전 사업용 자동차의 이상 유무를 확인해야 하는 사항은?

① 불편사항 연락처 및 차고지 등을 적은 표지판　　② 운행계통도

③ 등화장치　　④ 운행시간표

해설 운행 전 사업용 자동차의 안전설비와 등화장치 등의 이상 유무를 확인한다.

정답　　11 ③　12 ①　13 ①　14 ②　15 ③

핵심문제 16

운수종사자는 안전운행과 다른 승객의 편의를 위하여 어떤 행위에 대하여 제지하고 필요한 사항을 안내해야 하는데, 다음 행위 중에서 제지할 수 없는 행위는?

① 폭발성 물질, 인화성 물질 등의 위험물을 자동차 안으로 가지고 들어오는 행위
② 전용 운반상자 없이 애완동물을 자동차 안으로 데리고 들어오는 행위
③ 자동차의 출입구를 막을 우려가 있는 물품을 자동차 안으로 가지고 들어오는 행위
④ 장애인 보조견을 자동차 안으로 데리고 들어오는 행위

해설   장애인 보조견을 동반한 장애인이 대중교통수단을 이용하려는 때에는 정당한 사유 없이 거부하여서는 아니 된다(장애인복지법 제40조 제3항).

핵심문제 17

운수종사자가 지켜야 할 준수사항으로 옳지 않은 것은?

① 여객이 전용 운반 상자에 넣은 애완동물을 자동차 안으로 데리고 오는 경우 이를 제지하고 필요한 사항은 안내해야 한다.
② 여객자동차 운수사업법 시행규칙에 따라 운송사업자가 지시하는 사항을 따라야 한다.
③ 관계 공무원으로부터 운전면허증 등의 자격증 제시 요구를 받으면 즉시 따라야 한다.
④ 여객자동차 운송사업에 사용되는 자동차 안에서 담배를 피워서는 안 된다.

해설   여객이 애완동물을 전용 운반 상자에 넣은 경우 애완동물의 차량 탑승이 가능하다.

핵심문제 18

운전자의 인성과 습관이 운전예절에 미치는 요인에 관한 설명으로 옳지 않은 것은?

① 습관은 무조건반사로 나타나므로 위험하다.
② 올바른 운전습관은 다른 사람들에게 자신의 인격을 표현하는 하나의 방법이다.
③ 나쁜 운전습관이 몸에 배면 나중에 고치기 어렵게 되고, 이러한 잘못된 습관은 교통사고로 연결되기 쉽다.
④ 운전자는 각 개인이 지닌 사고, 태도, 인성의 영향을 받는다.

해설   습관은 무조건반사로 나타나는 것이 아니라 후천적으로 습득하는 조건반사 현상이다.

핵심문제 19

다음 중 운전자가 지켜야 할 행동으로 적절하지 않은 것은?

① 차로변경의 도움을 받았을 때에는 비상등을 2~3회 작동시켜 양보에 대한 고마움을 표현한다.
② 보행자가 통행하고 있는 횡단보도 내로 차가 진입하지 않도록 정지선을 지킨다.
③ 야간운행 중 반대차로에서 오는 차가 있으면 전조등을 하향등으로 조정하여 상대 운전자의 눈부심 현상을 방지한다.
④ 앞 신호에 따라 진행하고 있는 차가 있을 때에는 앞차에 가까이 붙어 신속히 진행한다.

해설   앞 신호에 따라 진행하고 있는 차가 있을 때에는 해당 차량이 안전하게 통과하는 것을 확인한 후에 출발해야 한다.

핵심문제 20

운전자가 취득한 운전면허로 운전할 수 있는 차종 이외의 차량은 운전을 금지하고 있다. 이와 같이 취득한 운전면허로 운전할 수 있는 차종을 규정해 놓은 법은?

① 교통안전법   ② 자동차관리법
③ 여객자동차운수사업법   ④ 도로교통법

해설   도로교통법 제80조에서 운전면허의 범위에 따라 운전할 수 있는 차의 종류를 규정하고 있다.

정답   16 ④   17 ①   18 ①   19 ④   20 ④

핵심문제 21

전조등의 올바른 사용에 해당되지 않는 것은?

① 야간운전의 안전운행을 위하여 필요한 경우 상향등을 사용한다.
② 반대차로에 차가 있으면 상대 운전자의 안전을 위하여 전조등을 변환빔(하향등)으로 조정한다.
③ 반대차로 운전자의 눈부심 현상 방지를 위하여 변환빔(하향등)으로 조정한다.
④ 야간에 커브길을 진입하기 전에 반대차로의 차량 운행과 관계없이 상향등을 사용한다.

해설 야간에 커브길을 진입하는 경우 반대차로의 차량이 자신의 진입을 알 수 있도록 상향등을 깜빡여 표시한다.

핵심문제 22

운전자가 삼가야 하는 행동을 기술한 것 중에서 올바르지 않은 것은?

① 신호등이 바뀌기 전에 빨리 출발하라고 전조등을 켰다 껐다를 하지 않는다.
② 운행 중에 갑자기 끼어들지 않는다.
③ 필요 시 과속으로 운행하며 급브레이크를 밟는다.
④ 경음기 버튼을 작동시켜 다른 운전자를 놀라게 하지 않는다.

해설 과속이나 급브레이크를 이용한 운행은 올바르지 않은 주행 습관이다.

핵심문제 23

다음 중 운전자의 주의사항으로 틀린 것은?

① 사전승인 없이는 친구라도 승차시키는 행위는 금지한다.
② 철길건널목에서는 일시정지하고 정차도 금지한다.
③ 자동차전용도로, 급한 경사길 등에서는 주·정차를 금지한다.
④ 도로가 정체되어 있는 경우에는 운행노선을 임의로 변경하여 운행한다.

해설 도로가 정체되어 있다는 이유로 운행노선을 임의로 변경해서는 안 된다.

핵심문제 24

운행 중 운전자의 주의사항으로 맞지 않는 것은?

① 배차사항, 지시 및 전달사항 등을 확인한다.
② 후속 차량이 추월하는 경우에는 감속운행한다.
③ 눈길, 빙판길은 체인이나 스노타이어를 장착한 후 안전운행한다.
④ 후진할 때에는 유도요원을 배치하여 수신호에 따라 후진한다.

해설 배차사항, 지시 및 전달사항 등은 운행 중이 아닌 운행 전에 확인해야 하는 사항이다.

핵심문제 25

운행 중 주의사항에 해당하지 않는 것은?

① 내리막길에서 풋 브레이크를 장시간 사용하지 않고 엔진 브레이크 사용
② 차량이 추월하는 경우 감속 등 양보 운전
③ 후진 시 유도요원을 배치하여 수신호에 따라 안전하게 후진
④ 차량 없는 도로에서 신속한 승객수송을 위한 과속운전

해설 도로에 차량이 없다 하더라도 과속운전은 하지 않는다.

정답   21 ④   22 ③   23 ④   24 ①   25 ④

핵심문제 26

버스준공영제의 유형 중 형태에 의한 분류에 해당하지 않는 것은?

① 노선 공동관리형

② 차고지 공동관리형

③ 수입금 공동관리형

④ 자동차 공동관리형

해설 　버스준공영제를 형태에 따라 분류할 경우 노선 공동관리형, 수입금 공동관리형, 자동차 공동관리형으로 구분할 수 있다.

핵심문제 27

버스준공영제를 시행하는 목적에 부합되지 않는 것은?

① 여객자동차 운송사업의 합병

② 대중교통 이용 활성화

③ 수입금의 투명한 관리를 통한 시민 신뢰 확보

④ 버스에 대한 이미지 개선

해설 　버스준공영제는 민간운수업체가 서비스를 공급하되 지방자치단체가 노선입찰이나 재정지원 등을 통해 공공성을 확보하는 제도로, 대중교통 이용 활성화, 시민 신뢰 확보, 버스에 대한 이미지 개선 등을 목적으로 한다.

핵심문제 28

운수사업자가 자율적으로 요금을 정하는 운송사업은?

① 시내버스 운송사업

② 전세버스 운송사업

③ 시외버스 운송사업

④ 농어촌버스 운송사업

해설 　전세버스 및 특수여객은 운수사업자가 자율적으로 요금을 결정한다.

핵심문제 29

다음 중 이용거리가 증가함에 따라 단위당 운임이 낮아지는 버스요금체계를 무엇이라 하는가?

① 거리운임요율제

② 거리비례제

③ 거리체감제

④ 거리체증제

해설 **버스요금체계의 유형**
- 단일운임제 : 이용거리와 무관하게 일률적으로 요금을 부과하는 요금체계
- 구역운임제 : 운행 구간을 몇 개의 구역으로 나누고 동일 구역 내에서는 균일하게 요금을 부과하는 요금체계
- 거리운임요율제(거리비례제) : 정해진 단위거리당 요금과 이용거리를 곱해 산정한 요금을 부과하는 요금체계
- 거리체감제 : 이용거리가 증가함에 따라 단위당 운임이 낮아지는 요금체계

핵심문제 30

업종별 요금체계가 바르게 연결되지 않은 것은?

① 고속버스 – 거리체감제

② 전세버스 – 자율요금제

③ 특수여객 – 단일운임제

④ 농어촌버스 – 단일운임제

해설 　전세버스 및 특수여객은 사업자가 자율적으로 요금을 설정하는 자율요금제를 채택하고 있다.

핵심문제 31

간선급행버스체계(BRT)의 도입효과로 거리가 먼 것은?

① 환경오염 급감
② 버스운행정보 실시간 제공
③ 교통사고 감소
④ 신속성 및 정시성 향상

해설 간선급행버스체계(BRT)는 도심과 외곽을 연결하는 주요 간선도로에 버스전용차로를 설치하여 급행버스를 운행하는 것으로 신속성 및 정시성 향상, 버스운행정보의 실시간 제공, 환경오염 급감 등의 효과가 있다. 그러나 교통사고 감소 효과는 미미하다.

 핵심문제 32

다음 중 간선급행버스체계의 특성이 아닌 것은?

① 효율적인 사전 요금징수 시스템 채택
② 신속한 승·하차 가능
③ 정류장 금연구역 단속 및 안내
④ 중앙버스전용차로와 같은 분리된 버스전용차로 제공

해설 ③은 버스체계의 특성과는 무관한 사항이다.

 핵심문제 33

간선급행버스체계(BRT)의 운영을 위한 구성요소가 아닌 것은?

① 환승시스템
② 독립된 전용도로
③ 지능형 교통시스템
④ 단일요금체계

해설 간선급행버스체계 운영을 위한 구성요소는 통행권 확보(독립된 전용도로), 교차로 시설 개선, 자동차 개선, 환승시설(환승시스템) 개선, 운행관리시스템(지능형 교통시스템) 등이 있다.

 핵심문제 34

차내 장치를 설치한 버스와 종합사령실을 유무선 네트워크로 연결해 버스의 위치나 사고정보 등을 버스회사와 운수종사자에게 실시간으로 전송하는 시스템을 무엇이라 하는가?

① ITS(지능형 교통시스템)
② ATMS(첨단교통관리시스템)
③ BMS(버스운행관리시스템)
④ BIS(버스정보시스템)

해설 버스운행관리시스템(BMS ; Bus Management System)은 사고 정보 혹은 버스 운행 정보 등 각종 정보를 버스회사 및 운수종사자에게 실시간으로 전송하여 운행의 안전성을 확보하고 서비스의 질을 제고하는 역할을 한다.

 핵심문제 35

버스와 정류장에 무선 송수신기를 설치하여 버스의 위치를 실시간으로 파악하고, 이를 이용해 이용자에게 실시간으로 버스운행정보를 제공하는 것은?

① 교통카드시스템
② 자동차관리정보시스템(VMIS)
③ 지능형 교통시스템(ITS)
④ 버스정보시스템(BIS)

해설 버스정보시스템(BIS ; Bus Information System)은 버스와 정류장에 설치된 무선 송수신기를 통해 버스의 위치 등을 실시간으로 파악하고, 이를 바탕으로 이용자에게 실시간 버스운행정보를 제공하는 첨단교통시스템이다.

핵심문제 36

다음 중 버스운행관리시스템(BMS)의 운영과 거리가 먼 것은?

① 버스이용자에게 운행정보를 제공함으로써 버스의 활성화를 도모할 수 있다.

② 관계기관, 버스회사, 운수종사자를 대상으로 정시성을 확보할 수 있다.

③ 버스운행관리센터, 버스회사에서 버스운행 상황과 사고 등 돌발상황을 감지할 수 있다.

④ 버스운행관제, 운행상태 등 버스정책 수립 등을 위한 기초자료를 획득할 수 있다.

해설 ①은 버스정보시스템(BIS)에 대한 내용이다.

핵심문제 37

버스운행관리시스템의 기대효과 중 이용주체가 다른 하나는?

① 버스도착 예정시간 사전확인 ② 운행정보 인지로 정시 운행

③ 앞 · 뒤차 간의 간격인지로 차 간 간격조정 운행 ④ 운행상태 완전노출로 운행질서 확립

해설 버스운행관리시스템을 통해 정시 운행, 간격조정 운행이 가능하고 운행질서가 확립되는 것은 운송사업자 측의 기대효과이다. 반면 버스도착
예정시간 사전확인은 승객(이용자) 측의 기대효과이다.

핵심문제 38

버스전용차로 설치에 있어 적절하지 않은 것은?

① 대중교통 이용자들의 폭넓은 지지를 받는 구간

② 전용차로를 설치하고자 하는 구간의 교통정체가 심한 곳

③ 버스통행량이 일정수준 이상이고, 1인 승차 승용차의 비중이 높은 구간

④ 편도 7차로 이상의 도로로 전용차로 설치에 문제가 없는 구간

해설 버스전용차로는 편도 3차로 이상의 도로로 기하구조가 버스전용차로를 설치하기 적당한 구간에 설치하도록 되어 있다.

핵심문제 39

도로 중앙에 설치된 중앙버스전용차로에 대한 설명으로 옳지 않은 것은?

① 일반 차량의 중앙버스전용차로 이용 및 주 · 정차를 막을 수 있어 차량의 운행속도 향상에 도움이 된다.

② 버스의 잦은 정류장 또는 정류소의 정차 및 갑작스런 차로 변경은 다른 차량의 교통흐름을 단절시키거나 사고위험을 초래할
수 있다.

③ 버스의 운행속도를 높이는 데 도움이 되며, 승용차를 포함한 다른 차량들은 버스의 정차로 인한 불편을 피할 수 있다.

④ 일반 차량과 반대방향으로 운영하기 때문에 차로분리 안내시설 등의 설치가 필요하다.

해설 일반 차량과 반대방향으로 운영하는 것은 중앙버스전용차로가 아닌 역류버스전용차로의 특징이다.

핵심문제 40

교통카드 중에서 IC카드에 해당되지 않는 것은?

① 접촉식 ② 비접촉식

③ 하이브리드방식 ④ 마그네틱방식

해설 IC카드는 접촉식, 비접촉식, 하이브리드방식, 콤비방식으로 분류할 수 있다.

핵심문제 41

다음 중 중앙버스전용차로의 장점에 대한 설명으로 옳은 것은?

① 여러 가지 안전시설을 활용할 수 있어 비용이 든다.

② 정체가 심한 구간에서 더욱 효과적이다.

③ 승용차 이용자의 증가를 도모할 수 있다.

④ 가로변 상업활동이 위축된다.

해설
① 비용이 드는 것은 단점에 해당한다.
③ 대중교통 이용자의 증가를 도모할 수 있다.
④ 가로변 상업활동이 보장된다.

핵심문제 42

다음 중 가로변버스전용차로의 특징으로 볼 수 없는 것은?

① 버스전용차로를 가로변에 설치하므로 버스의 신속성 확보에 매우 유리하다.

② 종일 또는 출·퇴근 시간대 등을 지정하여 탄력적으로 운영할 수 있다.

③ 버스전용차로 운영시간대에는 가로변의 주·정차를 금지해야 한다.

④ 우회전하는 차량을 위해 교차로 부근에서는 일반차량의 버스전용차로 이용을 허용해야 한다.

해설
버스의 신속성 확보에 유리한 것은 가로변버스전용차로가 아닌 중앙버스전용차로의 특징이다.

핵심문제 43

교통카드시스템 구성 중 단말기의 구조장치에 해당하지 않는 것은?

① 카드인식장치   ② 전원공급장치

③ 정보처리장치   ④ 킷값 관리장치

해설
교통카드 단말기는 카드인식장치, 정보처리장치, 킷값 관리장치, 정보저장장치 등으로 구성된다.

핵심문제 44

교통카드시스템의 집계시스템에 대한 설명으로 맞는 것은?

① 금액이 소진된 교통카드에 금액을 재충전하는 방식이다.

② 거래기록을 수집, 정산처리하고 결과를 은행으로 전송한다.

③ 단말기와 정산시스템을 연결하는 기능을 한다.

④ 충전시스템과 전화선으로 정산센터와 연계한다.

해설
교통카드시스템의 집계시스템은 단말기와 정산시스템을 연결하는 기능을 한다.

핵심문제 45

처리된 모든 거래기록을 데이터베이스화하는 기능을 가진 시스템은?

① 정산시스템   ② 충전시스템

③ 중앙처리시스템   ④ 집계시스템

해설
② 충전시스템 : 교통카드에 금액을 재충전
③ 중앙처리시스템 : 중앙 컴퓨터에서 데이터를 집중적으로 처리
④ 집계시스템 : 단말기와 정산시스템을 연결

핵심문제 46

교통사고조사규칙에 따른 교통사고의 용어에 대한 설명으로 잘못된 것은?

① 전복사고는 차가 주행 중 도로 또는 도로 이외의 장소로 뒤집혀 넘어진 사고를 말한다.

② 접촉사고는 차가 추월, 교행 등을 하려다가 차의 좌우 측면을 서로 스친 사고를 말한다.

③ 충돌사고 차가 반대방향 또는 측방에서 진입하여 그 차의 정면으로 다른 차의 정면 또는 측면을 충격한 사고를 말한다.

④ 추돌사고는 진행하는 차량의 측면을 충격한 사고를 말한다.

해설 **교통사고 용어**
- 전복사고 : 차가 주행 중 도로 또는 도로 이외의 장소에 뒤집혀 넘어진 것
- 접촉사고 : 차가 추월, 교행 등을 하려다가 차의 좌우 측면을 서로 스친 것
- 충돌사고 : 차가 반대방향 또는 측방에서 진입하여 그 차의 정면으로 다른 차의 정면 또는 측면을 충격한 것
- 추돌사고 : 2대 이상의 차가 동일 방향으로 주행 중 뒤차가 앞차의 후면을 충격한 것

핵심문제 47

교통사고 현장에서의 안전조치에 해당하지 않는 것은?

① 전문가의 도움이 필요한 경우 신속한 도움을 요청한다.

② 경미한 사고인 경우 사고위치에서 신속히 벗어난다.

③ 사고위치에서 노면표시를 한 후 도로 가장자리로 자동차를 이동시킨다.

④ 피해자를 위험으로부터 보호하거나 피신시킨다.

해설 경미한 사고라면 사고위치에서 신속히 벗어나지 않아도 괜찮다.

핵심문제 48

사고현장의 측정 및 사진촬영을 위해 확인해야 할 사항이 아닌 것은?

① 목격자에 대한 사고 상황

② 사고지점의 위치

③ 사고현장에 대한 가로방향 및 세로방향의 길이

④ 차량 및 노면에 나타나는 물리적 흔적 및 시설물 등의 위치

해설 목격자에 대한 사고 상황 확인은 사고 당사자와 목격자를 조사할 때 행한다.

핵심문제 49

심장의 기능이 정지하거나 호흡이 멈추었을 때에 인공호흡과 흉부압박을 지속적으로 시행하는 응급처치방법은?

① 쇼크증상처치

② 심폐소생술

③ 인공호흡법

④ 심장마사지법

해설 심폐소생술(CPR)은 인공호흡과 흉부압박을 동시에 지속적으로 시행하는 응급처치방법이다.

핵심문제 50

버스에서 발생하기 쉬운 사고유형과 대책에 대한 설명으로 부적절한 것은?

① 버스에서는 차내 전도사고가 절대다수를 차지한다.

② 버스는 불특정 다수를 수송하기 때문에 대형사고의 발생확률이 높다.

③ 대형 차량으로 교통사고 발생 시 인명피해가 크다.

④ 일반차량에 비해 운행거리 및 운행시간이 길어 사고의 발생 확률이 높다.

해설 차내 전도사고는 전체 버스 사고의 약 30%를 차지한다.

핵심문제 51

심폐소생술을 실시할 경우 가슴압박과 인공호흡의 적절한 비율은?

① 30 : 8

② 30 : 4

③ 30 : 2

④ 30 : 1

해설 심폐소생술을 실시할 때 가슴압박과 인공호흡의 비는 30 : 2로 한다.

핵심문제 52

심폐소생술의 방법으로 옳지 않은 것은?

① 의식을 확인할 때 성인의 경우 양쪽 어깨를 가볍게 두드리며 "괜찮으세요?"라고 말한 후 반응을 확인한다.

② 머리를 젖히고 턱을 들어올려 기도를 확보한다.

③ 인공호흡을 가슴이 충분히 올라올 정도로 1회당 1초간 2회 실시한다.

④ 20회의 가슴압박과 2회의 인공호흡을 반복한다.

해설 심폐소생술 시행 시 30회의 가슴압박과 2회의 인공호흡을 반복한다.

핵심문제 53

교통사고 발생 시 운전자의 조치사항으로 버스회사, 보험사 또는 경찰 등에 연락할 때 우선적으로 연락해야 할 사항과 거리가 먼 것은?

① 사고 발생지점 및 상태

② 도로 및 시설물의 결함

③ 운전자 성명

④ 부상 정도 및 부상자 수

해설 교통사고 발생 시 사고 발생지점 및 상태, 부상 정도 및 부상자 수, 운전자 성명 등을 알린다. 도로 및 시설물의 결함은 우선적으로 알려야 할 사항이 아니다.

핵심문제 54

재난 발생 시 운전자의 조치사항으로 부적절한 것은?

① 승객의 안전조치를 우선으로 한다.

② 신속하게 차량을 안전지대로 이동시킨다.

③ 즉각 회사 및 유관기관에 보고한다.

④ 어떠한 경우라도 승객을 하차시켜서는 안 된다.

해설 필요한 경우에 승객을 신속히 대피시켜 승객의 안전을 확보한다.

핵심문제 55

폭설 및 폭우로 운행이 불가능하게 된 경우의 조치사항으로 부적절한 것은?

① 차량 내 이상 여부를 확인한다.

② 업체에 현재 위치를 알린다.

③ 신속하게 안전지대로 차량을 이동시킨다.

④ 차 앞에서 구조를 기다린다.

해설 폭설 및 폭우로 운행이 불가능하게 된 경우에 차 앞에서 구조를 기다리면 2차 사고 시 인명피해가 발생할 수 있으므로 안전한 곳으로 이동하여 구조를 기다린다.

정답 51 ③ 52 ④ 53 ② 54 ④ 55 ④

MEMO

PART

02

실전모의고사

01 실전모의고사 1회

02 실전모의고사 2회

03 실전모의고사 3회

04 실전모의고사 4회

05 실전모의고사 5회

01 실전모의고사 1회

여객자동차 운수사업법의 목적으로 옳은 것은?

| ㄱ. 여객자동차 운수사업에 관한 질서 향상 | ㄴ. 운수종사자의 복지 향상 |
| ㄷ. 여객용 자동차의 안전성 확보 | ㄹ. 여객의 원활한 운송 |

① ㄱ, ㄴ
② ㄱ, ㄹ
③ ㄴ, ㄷ
④ ㄷ, ㄹ

> **해설** 여객자동차 운수사업법은 여객자동차 운수사업에 관한 질서를 확립하고 여객의 원활한 운송과 여객자동차 운수사업의 종합적인 발달을 도모하여 공공복리를 증진하는 것을 목적으로 한다.

여객자동차운송사업의 종류로 옳지 않은 것은?

① 노선 여객자동차운송사업
② 노면 여객자동차운송사업
③ 구역 여객자동차운송사업
④ 수용응답형 여객자동차운송사업

> **해설** **여객자동차운송사업의 종류**
> - 노선 여객자동차운송사업 : 자동차를 정기적으로 운행하려는 구간을 정하여 여객을 운송하는 사업
> - 구역 여객자동차운송사업 : 사업구역을 정하여 그 사업 구역 안에서 여객을 운송하는 사업
> - 수용응답형 여객자동차운송사업 : 운행계통, 운행시간, 운행횟수를 여객의 요청에 따라 탄력적으로 운영하여 여객을 운송하는 사업

다음 중 구역(區域) 여객자동차운송사업에 속하는 것은?

① 농어촌버스운송사업
② 시내버스운송사업
③ 전세버스운송사업
④ 시외버스운송사업

> **해설** **구역(區域) 여객자동차운송사업의 종류**
> - 전세버스운송사업
> - 특수여객자동차운송사업

다음은 시내버스운송사업의 운행형태 중 광역급행형에 대한 설명이다. 괄호 안에 들어갈 내용으로 옳은 것은?

시내좌석버스를 사용하고 주로 고속국도, 도시고속도로 또는 주간선도로를 이용하여 기점 및 종점으로부터 (　　)km 이내의 지점에 각각 (　　)개 이내의 정류소에서만 정차하면서 운행하는 형태

① 10, 5
② 10, 4
③ 5, 5
④ 5, 4

> **해설** 광역급행형은 시내좌석버스를 사용하고 주로 고속국도, 도시고속도로 또는 주간선도로를 이용하여 기점 및 종점으로부터 5km 이내의 지점에 각각 4개 이내의 정류소에서만 정차하면서 운행하는 형태이다.

실전문제 05

운전종사자가 운전업무를 시작하기 전에 받아야 하는 교육에 대한 설명으로 옳은 것은?

① 신규교육은 사업용자동차를 운전하다가 퇴직한 후 2년 이내에 다시 채용된 사람도 포함한다.

② 무사고 기간이 5년 미만인 운수종사자는 보수교육을 매년 받아야 한다.

③ 법령위반 운수종사자는 10시간의 교육시간을 거쳐 보수교육을 받아야 한다.

④ 수시교육은 받을 필요가 있다고 인정하는 운수종사자가 8시간의 교육을 받아야 한다.

① 신규교육은 사업용자동차를 운전하다가 퇴직한 후 2년 이내에 다시 채용된 사람은 제외한다.
③ 법령위반 운수종사자는 8시간의 교육시간을 거쳐 보수교육을 받아야 한다.
④ 수시교육은 받을 필요가 있다고 인정하는 운수종사자가 4시간의 교육을 받아야 한다.

실전문제 06

특수여객자동차운송사업용 승합자동차의 차령으로 옳은 것은?

① 10년 6월
② 10년
③ 9년
④ 6년

해설 사업의 구분에 따른 자동차의 차령

차종	사업의 구분		차령
승용자동차	특수여객자동차운송사업용	경형 · 중형 · 소형	6년
		대형	10년
승합자동차	특수여객자동차운송사업용		10년 6월
	그 밖의 사업용		9년

실전문제 07

주사무소 또는 영업소 외의 지역에서 상시 주차시켜 영업한 전세버스의 경우 1차 위반 시 과징금은 얼마인가?

① 120만 원
② 150만 원
③ 180만 원
④ 360만 원

해설 주사무소 또는 영업소 외의 지역에서 상시 주차시켜 영업한 경우

(단위 : 만 원)

위반내용	전세버스	특수여객
1차 위반 시	120	120
2차 위반 시	180	180
3차 이상 위반 시	360	360

실전문제 08

교통사고로 인해 중상자가 6명 이상 발생한 경우 운전자격의 처분기준은?

① 자격취소
② 자격정지 60일
③ 자격정지 50일
④ 자격정지 40일

해설 교통사고로 다음의 어느 하나에 해당하는 수의 사람이 죽거나 다치게 한 경우
• 사망자 2명 이상 : 자격정지 60일
• 사망자 1명 및 중상자 3명 이상 : 자격정지 50일
• 중상자 6명 이상 : 자격정지 40일

실전문제 09

다음에서 설명하는 것은?

> 교통안전에 필요한 주의 · 규제 · 지시 등을 표시하는 표지판이나 도로의 바닥에 표시하는 기호 · 문자 또는 선 등

① 신호기
② 안전지대
③ 연석선
④ 노면전차

해설
① 신호기 : 도로교통에 관하여 문자 · 기호 또는 등화를 사용하여 진행 · 정지 · 방향전환 · 주의 등의 신호를 표시하기 위하여 사람이나 전기의 힘으로 조작하는 장치
③ 연석선 : 차도와 보도를 구분하는 돌 등
④ 노면전차 : 도로에서 궤도를 이용하여 운행되는 차

실전문제 10

다음은 안전표지 중 무엇에 대한 설명인가?

> 도로의 통행방법 · 통행구분 등 도로교통의 안전을 위하여 필요한 지시를 하는 경우에 도로사용자가 이에 따르도록 알리는 표지

① 주의표지
② 규제표지
③ 노면표지
④ 지시표지

해설
① 주의표지 : 도로상태가 위험하거나 도로 또는 그 부근에 위험물이 있는 경우에 필요한 안전 조치를 할 수 있도록 이를 도로사용자에게 알리는 표지
② 규제표지 : 도로교통의 안전을 위하여 각종 제한 · 금지 등의 규제를 하는 경우에 이를 도로사용자에게 알리는 표지
③ 노면표지 : 도로교통의 안전을 위하여 각종 주의 · 규제 · 지시 등의 내용을 노면에 기호 · 문자 또는 선으로 도로사용자에게 알리는 표지

실전문제 11

차마의 통행에 대한 설명으로 옳지 않은 것은?
① 차마의 운전자는 도로의 중앙 우측 부분을 통행하여야 한다.
② 차마의 운전자는 도로가 일방통행인 경우 도로의 중앙이나 좌측부분을 통행할 수 있다.
③ 차마의 운전자는 안전표지로 통행이 허용된 장소와 길가장자리구역을 제외하고는 통행해서는 안 된다.
④ 도로 외의 곳을 출입할 때 차마의 운전자는 보도를 횡단하기 직전에 일시정지하여 좌측 및 우측 부분 등을 살핀다.

해설
차마의 운전자는 안전표지로 통행이 허용된 장소를 제외하고 자전거도로 또는 길가장자리구역으로 통행해서는 안 된다.

실전문제 12

다음 빈칸에 들어갈 말은?

> 도로교통법상 정차란 운전자가 ( )을 초과하지 아니하고 차를 정지시키는 것으로서 주차 외의 정지상태를 말한다.

① 3분
② 5분
③ 7분
④ 10분

해설
도로교통법상 정차란 운전자가 5분을 초과하지 아니하고 차를 정지시키는 것으로서 주차 외의 정지상태를 말한다.

정답   09 ② 10 ④ 11 ③ 12 ②

실전문제 **13**

다음 중 비 · 안개 · 눈 등으로 인한 악천후 시 최고속도의 100분의 50을 줄인 속도로 운행해야 하는 경우가 아닌 것은?

① 비가 내려 노면이 젖어 있는 경우
② 가시거리가 100m 이내인 경우
③ 노면이 얼어붙은 경우
④ 눈이 20mm 이상 쌓인 경우

해설 비가 내려 노면이 젖어 있는 경우는 최고속도의 100분의 20을 줄인 속도로 운행하면 된다.

실전문제 **14**

편도 3차로인 고속도로에서 화물자동차의 주행차로는?

① 1차로
② 2차로
③ 3차로
④ 모든 차로

해설 편도 3차로 이상인 고속도로에서 대형 승합자동차, 화물자동차, 특수자동차, 건설기계는 오른쪽 차로를 통행한다.

실전문제 **15**

도로교통법상 긴급자동차에 대한 특례에 해당하지 않는 것은?

① 끼어들기의 금지
② 앞지르기 금지의 시기 및 장소
③ 도로구조물의 파손
④ 자동차의 속도 제한(긴급자동차에 대하여 속도를 제한하는 경우는 제외)

해설 도로구조물 파손은 도로교통법상 긴급자동차에 대한 특례에 해당하지 않는다.

실전문제 **16**

다음 중 교통안전표지와 그 이름이 잘못 연결된 것은?

①

우로굽은도로

②

미끄럼주의

③

우회로

④
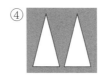
오르막경사면

해설 ②의 교통안전표지는 규제표지로 '앞지르기 금지'를 의미한다.

실전문제 **17**

도로교통법상 서행으로 운전하여야 하는 경우는?

① 철길건널목을 통과하고자 하는 경우
② 어린이가 보호자 없이 도로를 횡단하는 경우
③ 차량신호등이 적색등화가 점멸하고 있는 경우
④ 교통정리를 하고 있지 아니하는 교차로를 통행하는 경우

해설 ①~③의 경우 반드시 차가 멈추어야 하되, 일정 시간 동안 정지상태를 유지해야 하는 교통상황의 의미인 일시정지를 이행해야 하는 경우이다.

정답 **13** ① **14** ③ **15** ③ **16** ② **17** ④

실전문제 18

운전업무와 관련하여 버스운전자격증을 타인에게 대여한 경우 운전자격 처분기준은?

① 자격취소   ② 자격정지 180일

③ 자격정지 90일   ④ 자격정지 30일

해설   운전업무와 관련하여 버스운전자격증을 타인에게 대여한 경우 운전자격이 취소된다.

실전문제 19

처벌벌점 또는 1년간 누산점수 초과로 운전면허의 취소처분 시 감경 사유에 해당하는 사람은 처분벌점 또는 누산점수를 몇 점으로 감경하여 주는가?

① 120점   ② 110점

③ 100점   ④ 90점

해설   처벌벌점 또는 1년간 누산점수 초과로 운전면허의 취소처분 시 감경 사유에 해당하는 사람은 처분벌점 또는 누산점수를 110점으로 한다.

실전문제 20

안전운전 불이행 사고로 볼 수 있는 것은?

① 전 · 후 · 좌 · 우 주시가 태만한 경우

② 보행자가 고속도로나 자동차전용도로에 진입하여 통행한 경우

③ 차량 정비 중 안전부주의로 피해를 입은 경우

④ 1차 사고에 이은 불가항력적인 2차 사고

해설   전 · 후 · 좌 · 우 주시가 태만한 경우는 운전자 과실에 해당하므로 안전운전 불이행 사고로 볼 수 있다.

실전문제 21

진로변경사고의 성립요건에 해당되는 것은?

① 동일 방향 앞 · 뒤 차량으로 진행하던 중 앞차가 차로를 변경하는데 뒤차도 따라 차로를 변경하다가 앞차를 추돌한 경우

② 장시간 주차하다가 막연히 출발하여 좌측면에서 차로 변경 중인 차량의 후면을 추돌한 경우

③ 차로 변경 후 상당 구간 진행 중인 차량을 뒤차가 추돌한 경우

④ 옆 차로에서 진행 중인 차량이 갑자기 차로를 변경하여 불가항력적으로 충돌한 경우

해설   ①~③은 진로변경사고의 예외사항에 해당한다.

실전문제 22

다음 중 교통조사관이 교통사고로 처리하는 사고의 경우는?

① 낙하물에 의해 차량 탑승자가 사상한 경우   ② 확정적 고의에 의하여 타인을 사상한 경우

③ 축대가 무너져 차량 탑승자가 사상한 경우   ④ 술에 취한 사람이 도로에 누워있다 사상된 경우

해설   술에 취한 사람이 도로에 누워있다 사상된 경우는 교통사고로 처리한다.

실전문제 23

다음 빈칸에 들어갈 숫자는?

> 고장이나 그 밖의 사유로 고속도로 등에서 자동차를 운행할 수 없게 되었을 때, 특히 밤에는 고장자동차의 표지와 함께 사방 ( )m 지점에서 식별할 수 있는 적색의 섬광신호 등을 추가로 설치하여야 한다.

① 500 ② 300
③ 100 ④ 50

해설 밤에는 고장자동차의 표지와 함께 사방 500m 지점에서 식별할 수 있는 적색의 섬광신호 등을 추가로 설치하여야 한다.

실전문제 24

도로교통법상 운전이 금지되는 술에 취한 상태의 기준은 운전자의 혈중알코올농도 몇 이상인가?

① 0.01% ② 0.02%
③ 0.03% ④ 0.05%

해설 술에 취한 상태의 기준은 운전자의 혈중알코올농도가 0.03% 이상인 경우이다. 이때 운전이 금지된다.

실전문제 25

다음 중 무면허운전이 아닌 경우는?

① 연습면허를 받고 도로에서 운전연습을 하는 경우
② 운전면허 취소처분을 받은 후 운전하는 경우
③ 제2종 운전면허로 제1종 운전면허를 필요로 하는 자동차를 운전하는 경우
④ 운전면허시험에 합격한 후 운전면허증을 발급받기 전에 운전하는 경우

해설 **무면허운전의 유형**
• 운전면허를 취득하지 않고 운전하는 행위
• 운전면허 적성검사기간 만료일로부터 1년간의 취소유예기간이 지난 면허증으로 운전하는 행위
• 운전면허 취소처분을 받은 후에 운전하는 행위
• 운전면허 정지기간 중에 운전하는 행위
• 제2종 운전면허로 제1종 운전면허를 필요로 하는 자동차를 운전하는 행위
• 제1종 대형면허로 특수면허가 필요한 자동차를 운전하는 행위
• 운전면허시험에 합격한 후 운전면허증을 발급받기 전에 운전하는 행위

실전문제 26

자동차의 일상점검 시 주의사항으로 틀린 것은?

① 엔진을 점검할 때는 가급적 엔진을 끄고, 식은 다음에 실시한다.
② 점검은 환기가 잘되는 장소에서 실시한다.
③ 배터리, 전기 배선을 만질 때는 미리 배터리의 (−) 단자를 분리한다.
④ 변속레버는 P(주차)에 위치시키되, 주차 브레이크는 풀어 놓는다.

해설 평지가 아닌 경우 점검 중 차량이 움직일 수 있으므로 변속레버는 P(주차)에 위치시키고 주차 브레이크를 반드시 당겨 놓아야 한다.

정답 23 ① 24 ③ 25 ① 26 ④

실전문제 27

운행 전 지켜야 할 안전수칙으로 틀린 것은?

① 허리 부위 안전벨트는 골반 위치에 착용한다.　　② 인화성 · 폭발성 물질은 차내에 방치하지 않는다.

③ 주행 중 불편감이 느껴질 경우 즉시 좌석을 조절한다.　④ 가까운 거리라도 반드시 안전벨트를 착용한다.

해설　좌석은 출발 전에 조정하고, 주행 중에는 절대로 조작하지 말아야 한다.

실전문제 28

천연가스를 고압으로 압축하여 고압 압력용기에 저장한 기체 상태의 연료는?

① LGP　　　　　　　　　　② LNG

③ CNG　　　　　　　　　　④ ANG

해설　압축천연가스(CNG ; Compressed Natural Gas)는 가정 및 공장 등에서 사용하는 도시가스를 자동차 연료료 사용하기 위해 약 200기압으로 압축한 것이다.

실전문제 29

다음 중 차량의 경제적인 운행 방법으로 틀린 것은?

① 급발진, 급가(감)속 및 급제동 등의 금지　　② 항상 화물 적재 상태로 운행

③ 불필요한 공회전의 금지　　　　　　　　④ 경제속도의 준수

해설　불필요한 화물은 적재하지 않도록 해야 한다.

실전문제 30

겨울철 운행 시 주의해야 할 사항으로 틀린 것은?

① 내리막길에서는 풋 브레이크를 사용하면 방향 조작에 도움이 된다.

② 엔진 시동 후에는 적당한 워밍업을 한 후 운행한다.

③ 후륜구동 자동차의 경우 뒷바퀴에 타이어체인을 장착해야 한다.

④ 차의 하체 부위에 있는 얼음 덩어리는 운행 전에 제거한다.

해설　내리막길에서는 엔진브레이크를 사용하면 방향 조작에 도움이 된다.

실전문제 31

안전벨트 착용 방법으로 틀린 것은?

① 어깨벨트는 어깨 위와 가슴 부위를 지나도록 한다.

② 안전밸트의 보호 효과 극대화를 위해 보조장치를 활용한다.

③ 안전밸트는 복부에 착용하지 않도록 한다.

④ 안전밸트가 꼬이지 않도록 주의한다.

해설　안전밸트에 별도의 보조장치를 장착하면 안전밸트의 보호효과가 감소하므로 보조장치는 사용하지 않도록 한다.

정답　　27 ③　28 ③　29 ②　30 ①　31 ②

실전문제 32

다음 중 운전자에게 엔진 과열 상태를 알려주는 경고등은?

① 수온 경고등
② 냉각수 경고등
③ 엔진 정비 지시등
④ 엔진오일 압력 경고등

해설　수온 경고등은 엔진 냉각수 온도가 과도하게 높아질 경우 점등되는 경고등으로, 엔진 과열 상태를 알려주는 역할을 한다.

실전문제 33

다음 중 전조등 사용에 대한 설명으로 틀린 것은?

① 다른 차의 주의를 환기시킬 때는 전조등을 2~3회 정도 상향점멸한다.
② 마주 오는 차가 있거나 앞차를 따라갈 때는 하향빔을 켠다.
③ 하향빔은 마주 오는 차 또는 앞차가 없을 때에 한해 사용해야 한다.
④ 야간 운행 시 시야 확보가 필요한 경우 상향빔을 사용할 수 있다.

해설　③은 하향빔이 아닌 상향빔에 대한 설명이다. 상향빔은 마주 오는 차나 앞차가 없을 때에 한하여 제한적으로 사용해야 한다.

실전문제 34

엔진 오버히트 발생 시 안전조치로 틀린 것은?

① 엔진이 작동하는 상태에서 끄고 보닛을 열어 엔진을 냉각시킨다.
② 여름에는 에어컨, 겨울에는 히터의 작동을 중지시킨다.
③ 엔진을 충분히 냉각시킨 후에는 냉각수의 양 점검, 라디에이터 호스 연결 부위 등의 누수 여부 등을 확인한다.
④ 엔진 과열로 냉각수가 부족한 경우 즉시 차가운 냉각수를 공급한다.

해설　엔진이 과열되었을 때 차가운 냉각수를 급히 넣으면 엔진에 균열이 발생할 수 있다. 따라서 엔진을 충분히 식힌 후에 냉각수를 공급해야 한다.

실전문제 35

변속기의 구비조건으로 틀린 것은?

① 연속적으로 변속이 이루어지지 않아야 한다.
② 가볍고 단단하며 다루기 쉬워야 한다.
③ 동력 전달 효율이 좋아야 한다.
④ 조작이 쉽고 신속·확실하며 작동 시 소음이 적어야 한다.

해설　변속기는 연속적 또는 자동적으로 변속이 되어야 한다.

실전문제 36

브레이크가 편제동되는 경우 추정할 수 있는 원인이 아닌 것은?

① 타이어가 편마모되어 있다.
② 좌·우 타이어의 공기압이 다르다.
③ 타이어의 공기가 빠져나가는 현상이 있다.
④ 좌·우 라이닝의 간극이 다르다.

해설　공기누설(타이어의 공기가 빠져나가는 현상)은 브레이크 제동효과가 나빠지는 원인이다.

정답　32 ①　33 ③　34 ④　35 ①　36 ③

실전문제 37

다음 중 레이디얼 타이어의 특성이 아닌 것은?

① 고속으로 주행할 때 안전성이 크다.　　　② 튜브 물림 등 튜브로 인한 고장이 없다.

③ 회전할 때의 구심력이 좋다.　　　　　　④ 충격을 흡수하는 강도는 적다.

해설　튜브로 인한 고장이 없는 것은 튜브리스 타이어의 특성이다.

실전문제 38

다음 중 단위중량당 에너지 흡수율이 크고 유연하여 승용차에 많이 사용되는 스프링은?

① 공기 스프링　　　　　　　　　　　　　② 코일 스프링

③ 판 스프링　　　　　　　　　　　　　　④ 토션 바 스프링

해설　코일 스프링은 스프링 강을 코일 모양으로 감아 제작한 것으로 승용차에 많이 사용되는 스프링이다.

실전문제 39

다음 중 휠 얼라인먼트를 위하여 설치된 것이 아닌 것은?

① 캠버(Camber)　　　　　　　　　　　　② 토인(Toe－in)

③ 캐스터(Caster)　　　　　　　　　　　　④ 체임버(Chamber)

해설　휠 얼라인먼트를 위하여 설치된 것으로는 캠버, 토인, 캐스터, 킹핀 등이 있다.

실전문제 40

책임보험을 가입하지 않은 사업용 자동차 1대에 부과할 수 있는 과태료의 최고 한도금액은?

① 50만 원　　　　　　　　　　　　　　　② 100만 원

③ 150만 원　　　　　　　　　　　　　　④ 200만 원

해설　책임보험 혹은 책임공제에 미가입한 경우 가입하지 않은 기간이 10일 이내라면 3만 원, 10일을 초과한 경우 3만 원에 11일째부터 1일마다 8천 원을 가산한 금액을 과태료로 부과한다. 이때 과태료의 최고 한도금액은 자동차 1대당 100만 원이다.

실전문제 41

교통사고의 요인에 대한 설명으로 옳은 것은?

① 도로요인 중 신호기, 노면표시, 방호책은 안전시설에 관한 내용이다.

② 정부의 교통정책, 교통단속과 형사처벌은 도로요인에 관한 내용이다.

③ 교통사고의 기여도가 가장 큰 요인은 환경요인이다.

④ 인적요인은 일반국민, 운전자, 보행자 등의 교통도덕으로 구성된다.

해설　②, ④ 일반국민, 운전자, 보행자 등의 교통도덕과 정부의 교통정책, 교통단속 및 형사처벌은 환경요인 중 사회환경에 관한 내용이다.
　　　③ 교통사고의 기여도가 가장 큰 요인은 인간요인이다.

실전문제 42

운전자가 브레이크 페달에 발을 올려 브레이크가 작동을 시작하는 순간부터 자동차가 완전히 정지할 때까지 이동한 거리는?

① 공주거리   ② 확보거리
③ 제동거리   ④ 정지거리

> **해설**
> ① 공주거리 : 운전자가 브레이크 페달로 발을 옮겨 브레이크가 작동을 시작하기 전까지 이동한 거리
> ④ 정지거리 : 운전자가 자동차를 정지시키려고 시작하는 순간부터 자동차가 완전히 정지할 때까지 이동한 거리

실전문제 43

운전 중 피로를 푸는 방법으로 옳지 않은 것은?

① 차 안에는 항상 신선한 공기가 유입되도록 한다.
② 차를 자주 세우는 행동은 위험하므로 운전 중 틈틈이 가벼운 체조를 한다.
③ 햇빛이 강할 때는 선글라스를 착용한다.
④ 차 안은 약간 시원한 상태로 유지한다.

> **해설** 정기적으로 차를 세우고 차에서 나와 가벼운 체조를 한다.

실전문제 44

수막(Hydroplaning)현상에 대한 설명으로 옳지 않은 것은?

① 타이어와 노면 사이에 물의 막이 형성되는 현상이다.
② 수막현상을 줄이기 위해서는 타이어 공기압을 평소보다 낮게 한다.
③ 물이 고이는 노면 위를 자동차가 고속으로 주행할 때 발생한다.
④ 배수가 잘되는 좋은 타이어 패턴을 사용하여 예방한다.

> **해설** 수막현상을 예방하기 위해서는 타이어 공기압을 평소보다 조금 높게 하여야 한다.

실전문제 45

회전교차로의 장점으로 옳지 않은 것은?

① 도로의 미관을 향상시킨다.   ② 교통안전 수준을 향상시킨다.
③ 교차로 유지비용이 적게 든다.   ④ 교통량을 줄일 수 있다.

> **해설** 회전교차로는 교통량이 적은 교차로에 설치해야 하며, 회전교차로의 설치로 교통량을 줄일 수는 없다.

실전문제 46

다음 중 방어운전의 요령에 대한 설명으로 옳지 않은 것은?

① 어린이가 진로 부근에 있을 때는 어린이와 안전한 간격을 두어야 한다.
② 가급적 교통량이 많은 시간대는 피해서 운전하도록 한다.
③ 뒤차가 앞지르기를 하려고 하면 속도를 높여 빨리 길을 비켜준다.
④ 운전자는 앞차의 전방까지 시야를 멀리 둔다.

> **해설** 뒤차가 앞지르기를 하려고 하면 양보를 하고 뒤에 다른 차가 접근해 올 때는 속도를 낮춘다.

정답 42 ③ 43 ② 44 ② 45 ④ 46 ③

실전문제 47

시선유도시설 중 야간 및 악천후에 운전자의 시선을 명확히 유도해 도로를 확인할 수 있도록 하는 시설물은?

① 시선유도봉
② 도로차단봉
③ 갈매기표지
④ 표지병

해설 밤에 도로를 확인할 수 있도록 해주는 반사판이 있는 시선유도시설물은 표지병이다.

실전문제 48

비가 자주 오거나 습도가 높은 날 또는 오랜 시간 주차한 후에 브레이크 드럼에 미세한 녹이 발생하는 현상은?

① 스탠딩 웨이브(Standing wave) 현상
② 모닝 록(Morning lock) 현상
③ 수막(Hydroplaning) 현상
④ 페이드(Fade) 현상

해설 ① 스탠딩 웨이브 현상 : 자동차가 고속으로 주행할 때 타이어의 접지부의 뒷부분이 부풀어 물결처럼 주름이 잡히는 현상
③ 수막 현상 : 물이 고이는 노면 위를 자동차가 고속으로 주행할 때 타이어와 노면 사이에 물의 막이 형성되는 현상
④ 페이드 현상 : 내리막길에서 브레이크를 반복하여 사용하면 마찰열이 라이닝에 축적되어 브레이크의 제동력이 저하되는 현상

실전문제 49

다음 중 교통약자가 아닌 사람은?

① 부녀자
② 어린이
③ 임산부
④ 고령자

해설 교통약자란 장애인, 고령자, 임산부, 영유아를 동반한 사람, 어린이 등 일상생활에서 이동에 불편을 느끼는 사람을 말한다(교통약자의 이동편의 증진법 제2조 제1호).

실전문제 50

종단선형과 교통사고와의 관계에 대한 설명으로 옳은 것은?

① 종단경사가 커질수록 자동차 속도 변화가 줄어든다.
② 내리막보다 평지나 오르막에서 사고율이 증가한다.
③ 종단경사가 변경되는 부분에서는 일반적으로 종단곡선이 설치된다.
④ 종단곡선의 정점에서는 전방에 대한 시거가 확대되어 운전자에게 불안감을 조성한다.

해설 ①, ② 종단경사는 오르막 내리막 경사, 즉 비탈길을 말하며 종단경사가 크면 자동차 속도 변화가 커지고 차량의 통제력이 떨어지므로 속도가 높은 내리막에서 사고율이 증가한다.
④ 종간곡선의 정점에서는 전방에 대한 시거가 단축되어 운전자에게 불안감을 조성할 수 있다.

실전문제 51

앞지르기할 때의 방어운전에 대한 설명으로 옳지 않은 것은?

① 고속도로에서 앞지르기할 때에는 최고속도의 제한범위 내에서 진로를 변경한다.
② 앞지르기하려는 차는 앞지르기 당하는 차의 우측 전방으로 나아간다.
③ 앞차가 진로 변경을 시작해서 완료할 때까지는 앞지르기를 시도하지 않는다.
④ 앞지르기 금지장소에서도 앞지르기를 시도하는 차가 있다는 사실을 염두에 두고 주행한다.

해설 앞지르기하려는 차는 앞지르기 당하는 차의 좌측 전방으로 나아간다.

실전문제 52

눈이나 비가 올 때 안전운전 방법으로 잘못된 것은?

① 다른 차량 주변으로 가까이 다가가지 않는다.

② 제동거리가 길어지기 때문에 앞차와의 거리는 충분히 확보한다.

③ 제동상태가 나쁠 경우 속도를 높여 도로를 신속하게 벗어난다.

④ 제동이 제대로 되는지를 수시로 살펴본다.

 해설　제동상태가 나쁠 경우 도로 조건에 맞춰 속도를 낮춘다.

실전문제 53

버스가 정차하는 부근의 차도 외측 시설을 깊게 도려내어 보도 측으로 차도를 넓힌 장소는?

① 간이버스정류장　　　　　　　　　　② 간이휴게소

③ 버스정류장　　　　　　　　　　　　④ 화물차 전용휴게소

해설　① 간이버스정류장 : 버스승객의 승·하차를 위해 본선 차로에서 분리하여 최소한의 목적을 달성하기 위해 설치하는 공간이다.
　　　② 간이휴게소 : 짧은 시간 내에 차의 점검 및 운전자의 피로회복을 위한 시설로 주차장, 녹지 공간, 화장실 등으로 구성된다.
　　　④ 화물차 전용휴게소 : 화물차 운전자를 위한 전용 휴게소로 이용자 특성을 고려하여 식당, 숙박시설, 샤워실, 편의점 등으로 구성된다.

실전문제 54

고령운전자의 특성으로 옳지 않은 것은?

① 70세 이상이 되면 고음뿐만 아니라 중저음역의 청력이 저하된다.

② 근육 운동력의 저하로 인해 반응시간이 오래 걸린다.

③ 사물을 구별하는 식별능력이 저하된다.

④ 만 75세 이상의 운전면허소지자로 대부분 청각장애에 해당한다.

해설　고령운전자는 만 65세 이상의 운전면허소지자를 말한다.

실전문제 55

방향별 교통량이 현저하게 차이가 발생하는 도로에서 교통량이 많은 쪽으로 차로수를 확보하기 위해 신호기에 의하여 차로의 진행방향을 지시하는 차로는?

① 가변차로　　　　　　　　　　　　　② 회전차로

③ 앞지르기차로　　　　　　　　　　　④ 변속차로

 해설　② 회전차로 : 교차로 등에서 자동차가 우·좌회전 또는 유턴을 할 수 있도록 직진차로와는 별도로 설치하는 차로
　　　③ 앞지르기차로 : 저속 자동차로 인해 뒤차의 속도 감소를 방지하고, 반대 차로를 이용한 앞지르기가 불가능할 경우 원활한 소통을 위해 도로 중앙 측에 설치하는 고속 자동차의 주행차로
　　　④ 변속차로 : 고속 주행하는 자동차가 감속하여 다른 도로로 유입하거나 그 반대의 경우 본선의 다른 고속 자동차의 주행을 방해하지 않고 안전하게 감속 또는 가속하도록 설치한 차로

실전문제 56

다음 중 타이어 마모를 촉진시키는 요인으로 옳지 않은 것은?

① 무거운 하중　　　　　　　　　　　② 급커브

③ 잦은 제동　　　　　　　　　　　　④ 낮은 기온

해설　무거운 하중, 빠른 속도, 잦은 제동, 정비 불량, 거친 노면, 급커브, 높은 기온 등이 타이어 마모를 촉진시킨다.

정답　　52 ③　53 ③　54 ④　55 ①　56 ④

실전문제 57

다음 중 교통사고의 인적요인에 속하는 것은?

① 신호기, 노면표시, 방호책

② 운전자의 적성과 자질, 운전습관

③ 운행차 구성, 보행자 교통량, 차량 교통량

④ 운전자와 보행자 등의 교통도덕

> **해설** ① 안전시설은 도로요인에 속한다.
> ③ 교통상황은 환경요인 중에서 교통환경과 관련이 있다.
> ④ 운전자와 보행자, 일반국민의 교통도덕은 환경요인에 속한다.

실전문제 58

움직이는 물체 또는 움직이면서 다른 자동차나 사람 등의 물체를 보는 시력은?

① 정지시력

② 중심시

③ 동체시력

④ 암순응

> **해설** ① 정지시력 : 일정 거리에서 일정한 시표를 보고 모양을 확인할 수 있는지를 가지고 측정하는 시력
> ② 중심시 : 인간이 전방의 어떤 사물을 주시할 때, 그 사물을 분명하게 볼 수 있게 하는 눈의 영역
> ④ 암순응 : 불빛이 사라졌을 때 동공이 어두운 곳을 잘 보려고 빛을 많이 받아들이기 위해 확대되는 과정

실전문제 59

운전 중 자전거나 이륜자동차를 만났을 때의 방어운전으로 옳지 않은 것은?

① 차로 내에서 점유할 공간을 내주어야 한다.

② 야간에 가장자리 차로로 주행할 때에는 자전거, 이륜차의 주행 여부를 주의한다.

③ 운전 중에 자전거 이용자에게 접근할 때에는 공간을 확보한 다음 속도를 높여 앞지른다.

④ 교차로에서는 특별히 자전거나 이륜차의 접근에 주의하여야 한다.

> **해설** 운전 중에 자전거, 이륜자동차 이용자에게 접근할 때에는 어느 정도 공간을 확보한 다음 속도를 줄여 앞지르도록 한다.

실전문제 60

다음 중 운전자가 대부분의 운전 정보를 얻는 감각기관은?

① 시각

② 후각

③ 청각

④ 촉각

> **해설** 운전자는 90%가량의 운전 관련 정보를 눈을 통해 얻는다.

실전문제 61

어린이통학버스 특별보호를 위한 올바른 운행방법이 아닌 것은?

① 편도 1차로인 도로의 반대 방향에서 진행하는 차의 운전자는 어린이통학버스에 이르기 전에 일시정지를 하여 안전을 확인한다.

② 어린이통학버스가 어린이를 태우고 있다는 표시를 한 상태라면 모든 차의 운전자는 통학버스를 앞지르지 못한다.

③ 어린이가 타고 내리는 중인 어린이통학버스가 정차한 차로를 통행하는 운전자는 일시정지하여 안전을 확인한다.

④ 중앙선이 설치되지 아니한 도로에서 어린이통학버스를 마주친 경우 천천히 서행하여 지나간다.

> **해설** 중앙선이 설치되지 아니한 도로나 편도 1차로인 도로에서 어린이통학버스의 반대방향에서 진행하는 차는 일시정지하여 안전을 확보한 후 서행한다.

정답 57 ② 58 ③ 59 ③ 60 ① 61 ④

실전문제 **62**

회전교차로의 기본 운영원리로 옳지 않은 것은?

① 회전 중인 자동차는 교차로에 진입하는 자동차에게 양보한다.

② 교차로 진입 시 회전차로에 여유 공간이 확보될 때까지 대기한다.

③ 회전교차로 내부에서 회전 정체는 발생하지 않는다.

④ 회전교차로에 진입할 때에는 속도를 줄인 후 진입한다.

해설 교차로에 진입하는 자동차는 회전 중인 자동차에게 양보한다.

실전문제 **63**

우측 길어깨의 폭이 협소한 장소에서 고장 난 차량이 도로에서 벗어나 대피할 수 있는 공간은?

① 휴게시설   ② 비상주차대

③ 간이버스정류장   ④ 쉼터휴게소

해설 ① 휴게시설 : 출입이 제한된 도로에서 안전하고 쾌적한 여행을 하기 위해 장시간의 연속운전으로 인한 운전자의 생리적 욕구 및 피로 해소와 주유 등의 서비스를 제공하는 장소

③ 간이버스정류장 : 버스승객의 승·하차를 위해 본선 차로에서 분리하여 최소한의 목적을 달성하기 위해 설치하는 공간

④ 쉼터휴게소 : 운전자의 생리적 욕구만 해소하기 위한 시설로 최소한의 주차장, 화장실과 휴식공간으로 구성

실전문제 **64**

시가지 교차로에서의 방어운전으로 틀린 것은?

① 좌회전, 우회전 또는 U턴하는 차량 등에 주의해야 한다.

② 좌회전이나 우회전할 때는 방향신호등을 정확하게 점등한다.

③ 신호는 가급적 통과하는 앞차를 확인하며 운행한다.

④ 내륜차에 의한 사고를 주의해야 한다.

해설 신호는 운전자의 눈으로 직접 확인한 후 앞선 신호에 따라 진행하는 차가 없는지 확인하여야 한다. 통과하는 앞차에 의존할 경우 신호를 위반할 가능성이 크다.

실전문제 **65**

겨울철에 발생하는 교통사고 위험요인에 대한 설명으로 옳지 않은 것은?

① 폭설은 도로를 열악하게 만드는 가장 큰 요인이다.

② 두꺼운 옷으로 인해 위기상황에 대한 대처능력이 감소한다.

③ 보행자는 앞만 보면서 목적지까지 최단거리로 이동해야 한다.

④ 적은 양의 눈이 내려도 빙판이 되기 때문에 사고가 많이 발생한다.

해설 보행자가 두꺼운 외투를 착용하고 앞만 보면서 목적지까지 최단거리로 이동하려는 경향은 겨울철 교통사고의 특징 중 하나이다.

실전문제 **66**

올바른 서비스 제공을 위한 요소가 아닌 것은?

① 밝은 표정   ② 공손한 인사

③ 승객과의 잡담   ④ 친근한 말투

해설 올바른 서비스 제공을 위한 요소는 단정한 용모와 복장, 밝은 표정, 공손한 인사, 친근한 말투, 따뜻한 응대 등이다.

실전문제 67

승객만족을 위한 기본예절에 대한 설명으로 틀린 것은?

① 승객의 입장을 이해하고 존중한다.
② 승객의 결점이 발견되면 즉시 지적한다.
③ 승객의 여건, 능력, 개인차를 인정하고 배려한다.
④ 변함없는 진실한 마음으로 승객을 대한다.

해설 승객의 결점이 발견되더라도 이를 지적할 때는 진지한 충고와 격려로 해야 한다.

실전문제 68

다음 중 올바른 직업윤리가 아닌 것은?

① 자신이 하는 일에 전력을 다하는 것이 하늘의 뜻에 따르는 것이라고 생각한다.
② 직접 또는 간접적으로 사회구성원으로 해야 할 본문을 다한다.
③ 자신의 직무를 수행하는 데 필요한 전문적 지식과 기술을 갖춘다.
④ 자신의 직업을 통해 보다 높은 수입과 지위를 얻고자 노력한다.

해설 수입과 지위가 높지 않더라도 자신의 직업에 긍지를 느끼며 그 일에 열성을 가지고 성실히 임하는 천직의식이 필요하다.

실전문제 69

올바른 인사 방법으로 볼 수 없는 것은?

① 표정은 밝게 하고 부드러운 미소를 짓는다.
② 고개는 반듯하게 들고 턱을 살짝 내밀어 자신만만한 모습을 보인다.
③ 인사 전 · 후에 상대의 눈을 정면으로 바라본다.
④ 머리와 상체는 일직선이 되도록 하며 천천히 숙인다.

해설 고개는 반듯하게 들되, 턱을 내밀지 않고 자연스럽게 당겨 주어야 한다.

실전문제 70

승객이 자동차 안에서 쉽게 볼 수 있는 위치에 운행계통도를 게시하여야 하는 버스가 아닌 것은?

① 전세버스
② 시외버스
③ 농어촌버스
④ 마을버스

해설 노선운송사업자는 운행계통도를 차내에 게시하여야 한다. 노선운송사업자에는 시내버스, 농어촌버스, 마을버스, 시외버스 등이 있다.

실전문제 71

자동차의 장치 및 설비 등에 관한 준수사항으로 옳지 않은 것은?

① 노선버스의 차체에는 행선지를 표시할 수 있는 설비를 설치해야 한다.
② 전세버스의 앞바퀴에는 재생 타이어를 사용해서는 안 된다.
③ 시외우등고속버스, 시외고속버스 및 시외직행버스의 앞바퀴 타이어에 튜브리스 타이어를 사용해선 안 된다.
④ 시내버스 및 농어촌버스의 차 안에는 안내방송장치를 갖추어야 한다.

해설 시외우등고속버스, 시외고속버스 및 시외직행버스의 앞바퀴 타이어는 튜브리스 타이어를 사용해야 한다.

정답　　67 ②　68 ④　69 ②　70 ①　71 ③

실전문제 72

운수종사자의 준수사항으로 잘못된 것은?

① 여객자동차운송사업에 사용되는 자동차 안에서 담배를 피워서는 안 된다.

② 운전업무 중 해당 도로에 이상이 있었던 경우 즉시 운수회사 관리자에게 알려야 한다.

③ 운행 전 사업용 자동차의 안전설비 및 등화장치 등의 이상 유무를 확인해야 한다.

④ 운행 중 중대한 고장을 발견하거나 사고의 발생 우려가 있다고 인정될 때는 즉시 운행을 중지하고 적절한 조치를 취해야 한다.

해설 운전업무 중 해당 도로에 이상이 있었던 경우에는 운전업무를 마치고 교대할 때에 다음 운전자에게 알려야 한다.

실전문제 73

버스운행관리시스템(BMS)의 기대효과 중 승객(이용자) 측의 기대효과에 해당하는 것은?

① 운행정보 인지를 통한 정시 운행

② 앞·뒤차 간의 간격 인지를 통한 간격 조정 운행

③ 운행 상태 완전 노출로 운행질서 확립

④ 버스 도착 예정 시간 사전 확인

해설 ①~③은 운송사업자 측의 기대효과이다.

실전문제 74

운수종사자가 안전운행과 다른 승객의 편의를 위하여 제지할 수 있는 승객의 행위가 아닌 것은?

① 장애인 보조견을 자동차 안으로 데리고 들어오는 행위

② 폭발성 물질이나 인화성 물질 등의 위험물을 자동차 안으로 가지고 들어오는 행위

③ 전용 운반상자 없이 애완동물을 자동차 안으로 데리고 들어오는 행위

④ 자동차의 출입구를 막을 우려가 있는 물품을 자동차 안으로 가지고 들어오는 행위

해설 장애인복지법 제40조 제3항에 의거하여 장애인 보조견을 동반한 장애인이 대중교통을 이용하려고 할 때는 정당한 사유 없이 이를 거부해서는 안 된다.

실전문제 75

버스정보시스템(BIS)에 대한 설명으로 틀린 것은?

① 이용자에게 버스 운행 상황 정보를 제공한다.

② 버스 이용 승객에게 편의를 제공한다.

③ 버스 운행 상황을 관제하는 것이다.

④ 정류소에서의 출발 및 도착 데이터를 제공한다.

해설 버스 운행 상황을 관제하는 것은 버스정보시스템이 아닌 버스운행관리시스템(BMS)이다.

실전문제 76

심폐소생술의 방법으로 옳지 않은 것은?

① 성인의 의식 확인 시에는 양쪽 어깨를 가볍게 두드리며 "괜찮으세요?"라고 묻는다.

② 머리를 젖히고 턱을 들어올려 기도를 확보한다.

③ 인공호흡을 가슴이 충분히 올라올 정도로 1회당 2초씩 2회 실시한다.

④ 30회의 가슴압박과 2회의 인공호흡을 반복한다.

해설 인공호흡은 가슴이 충분히 올라올 정도로, 1회당 1초씩 2회 실시한다.

실전문제 77

교통사고 현장에서의 안전조치로 적절하지 않은 것은?

① 피해자를 위험으로부터 보호하거나 피신시킨다.

② 경미한 사고라도 사고 위치에서 신속히 벗어난다.

③ 사고 위치에서 노면표시를 한 후 도로 가장자리로 자동차를 이동시킨다.

④ 전문가의 도움이 필요할 경우 신속하게 도움을 요청한다.

해설 경미한 사고라면 반드시 사고 위치에서 신속하게 벗어날 필요는 없다.

실전문제 78

교통카드시스템 구성 중 단말기의 구조장치에 해당하지 않는 것은?

① 카드인식장치

② 정보처리장치

③ 전원공급장치

④ 정보저장장치

해설 교통카드 단말기는 카드인식장치와 정보처리장치, 킷값 관리장치, 정보저장장치 등으로 구성된다.

실전문제 79

중앙버스전용차로 운영의 장점으로 틀린 것은?

① 다른 전용차로에 비해 운영 비용이 적게 든다.

② 교통 정체가 심한 구간에서 더욱 효과적이다.

③ 일반 차량과의 마찰을 최소화한다.

④ 대중교통의 통행속도 제고 및 정시성 확보에 유리하다.

해설 중앙버스전용차로는 여러 가지 안전시설 등의 설치 및 유지가 필요하여 비용이 많이 발생한다는 단점이 있다.

실전문제 80

버스준공영제를 시행하는 목적에 부합하지 않는 것은?

① 투명한 관리와 시민 신뢰 확보

② 버스에 대한 이미지 개선

③ 대중교통 이용 활성화 유도

④ 운송사업자의 재정적 독립성 확보

해설 버스준공영제는 노선버스 운영에 공공개념을 도입한 형태로서 운영비용에 대한 재정지원을 통해 서비스의 안정성을 제고하는 것이 그 목적 중 하나이다.

02 | 실전모의고사 2회

실전문제 01

다음 중 설명하는 여객자동차운송사업으로 옳은 것은?

> 운행계통 · 운행시간 · 운행횟수를 여객의 요청에 따라 탄력적으로 운행하여 여객을 운송하는 사업

① 노선 여객자동차운송사업
② 구역 여객자동차운송사업
③ 수요응답형 여객자동차운송사업
④ 조사형 여객자동차운송사업

 해설 주어진 설명은 수요응답형에 대한 설명이다.
① 노선 여객자동차운송사업 : 자동차를 정기적으로 운행하려는 구간을 정하여 여객을 운송하는 사업
② 구역 여객자동차운송사업 : 사업구역을 정하여 그 사업 구역 안에서 여객을 운송하는 사업

실전문제 02

다음 괄호에 들어갈 숫자는?

> 도로교통법에서 규정하는 정차 및 주차가 금지되는 곳의 기준은 횡단보도로부터 (　　)m 이내이다.

① 3
② 5
③ 10
④ 15

 해설 건널목의 가장자리 또는 횡단보도로부터 10m 이내인 곳에서는 차를 정차하거나 주차하여서는 아니 된다(도로교통법 제32조).

실전문제 03

자가용자동차를 사용하여 여객자동차운송사업을 경영한 경우 그 자동차의 사용을 제한하거나 금지할 수 있는 기간은?

① 1개월
② 3개월
③ 6개월
④ 12개월

 해설 특별자치시장 · 특별자치도지사 · 시장 · 군수 또는 구청장은 자가용자동차를 사용하는 자가 다음에 해당하면 6개월 이내의 기간을 정하여 그 자동차의 사용을 제한하거나 금지할 수 있다(여객자동차 운수사업법 제83조 제1항).
• 자가용자동차를 사용하여 여객자동차운송사업을 경영한 경우
• 허가를 받지 아니하고 자가용자동차를 유상으로 운송에 사용하거나 임대한 경우

실전문제 04

여객자동차운송사업에 사용되는 자동차의 경우 외부에서 알아보기 쉽도록 바깥쪽 차체 면에 표시를 해 둔다. 이때, 운송사업자의 명칭과 그 표시 내용의 연결이 옳지 않은 것은?

① 시외우등고속버스 : 우등고속
② 시외직행버스 : 직행
③ 전세버스운송사업용 자동차 : 전세
④ 특수여객자동차운송사업용 자동차 : 특수

해설 특수여객자동차운송사업용 자동차는 '장의'라고 표시하여야 한다.

실전문제 05

고속도로 및 자동차전용도로에서의 금지행위에 해당하지 않는 것은?

① 갓길 통행금지

② 고장 등의 조치

③ 통행 등의 금지

④ 긴급이륜자동차의 통행금지

해설 도로교통법 제5장에는 갓길 통행금지, 통행 · 횡단 등의 금지, 고장 등의 조치, 고속도로 등에서의 정차 및 주차 금지가 규정되어 있다. 이륜자동차 중 긴급자동차의 경우 고속도로 등을 통행하거나 횡단할 수 있다.

실전문제 06

다음과 같은 목적으로 자동차를 운행하는 사업이 포함되는 운송사업은?

> 회사나 학교와 운송계약을 체결하여 그 소속원만을 통근 · 통학시킨다.

① 마을버스

② 시내버스

③ 시외버스

④ 전세버스

해설 전세버스 운송사업은 운행계통을 정하지 아니하고 전국을 사업구역으로 정하여 1개의 운송계약에 따라 국토교통부령으로 정하는 자동차를 사용하여 여객을 운송하는 사업이다.

실전문제 07

다음 중 시외버스운송사업의 운행형태에 따른 구분이 아닌 것은?

① 고속형

② 직행형

③ 일반형

④ 좌석형

해설 시외버스운송사업의 운행형태
- 고속형
- 직행형
- 일반형

실전문제 08

운수종사자가 차량의 출발 전에 여객이 좌석안전띠를 착용하도록 안내하지 않은 경우가 2회일 때의 과태료는 얼마인가?

① 3만 원

② 5만 원

③ 7만 원

④ 10만 원

해설 운수종사자가 차량의 출발 전에 여객이 좌석안전띠를 착용하도록 안내하지 않은 경우
- 1회 : 3만 원
- 2회 : 5만 원
- 3회 : 10만 원

실전문제 09

다음에 들어갈 말로 옳은 것은?

> 운수종사자 교육실시기관은 그 해의 교육결과를 (　　　)까지 시 · 도지사 및 조합에 보고하거나 통보하여야 한다.

① 다음 해 1월 말까지

② 다음 해 1월 15일까지

③ 그 해 12월 말까지

④ 그 해 10월 15일까지

해설 운수종사자 교육실시기관은 그 해의 교육결과를 다음 해 1월 말까지 시 · 도지사 및 조합에 보고하거나 통보하여야 한다.

정답　　05 ④　06 ④　07 ④　08 ②　09 ①

실전문제 10

버스운전자격시험에 합격한 사람은 합격자 발표일로부터 며칠 이내에 교통안전공단에 자격증의 발급을 신청하여야 하는가?

① 3일 이내
② 7일 이내
③ 15일 이내
④ 30일 이내

 해설 운전자격시험에 합격한 사람 또는 교통안전체험교육을 수료한 사람은 합격자 발표일 또는 교육 수료일로부터 30일 이내에 운전자격증 발급 신청서(전자문서를 포함한다)에 사진 2장을 첨부하여 해당 시험시행기관에 운전자격증의 발급을 신청하여야 하고, 신청을 받은 시험시행기 관은 운전자격증을 발급하여야 한다.

실전문제 11

다음 중 버스 신호등이 의미하는 신호의 뜻이 잘못 연결된 것은?

① 녹색 등화 : 버스전용차로에 차마는 직진할 수 있다.
② 적색 등화 : 버스전용차로에 있는 차마는 정지선, 횡단보도 및 교차로의 직전에서 정지하여야 한다.
③ 황색등화의 점멸 : 버스전용차로에 있는 차마는 다른 교통 또는 안전표지의 표시에 주의하면서 진행할 수 있다.
④ 적색등화의 점멸 : 버스전용차로에 있는 차마는 정지선에 있거나 횡단보도가 있을 때에는 그 직전이나 교차로의 직전에 정지 하여야 한다.

해설 적색등화의 점멸 : 버스전용차로에 있는 차마는 정지선이나 횡단보도가 있을 때에는 그 직전이나 교차로의 직전에 일시정지한 후 다른 교통 에 주의하면서 진행할 수 있다.

실전문제 12

교통사고처리특례법상의 용어와 그 정의가 잘못 설명된 것은?

① 대형사고 : 3명 이상이 사망하거나 20명 이상의 사상자가 발생한 사고
② 스키드 마크 : 급핸들 등으로 인해 차의 바퀴가 돌면서 차축과 평행하게 옆으로 미끄러진 타이어의 마모흔적
③ 전도 : 차가 주행 중 도로에 차체의 측면이 지면에 접하고 있는 상태
④ 교통조사관 : 교통사고를 조사하여 검찰에 송치하는 등 교통사고 조사업무를 처리하는 경찰공무원

해설 스키드 마크는 차의 급제동으로 인하여 타이어의 회전이 정지된 상태에서 노면에 미끄러져 생긴 타이어 마모흔적 또는 활주흔적이다.

실전문제 13

다음 중 음주운전으로 처벌이 불가한 경우는?

① 혈중알코올농도 0.02% 상태로 주차장 통행로에서 운전한 경우
② 혈중알코올농도 0.03% 상태로 공장 내 통행로에서 운전한 경우
③ 혈중알코올농도 0.04% 상태로 도로에서 운전한 경우
④ 혈중알코올농도 0.05% 상태로 아파트 단지 내 통행로에서 운전한 경우

해설 도로교통법상 운전이 금지되는 술에 취한 상태의 기준은 운전자의 혈중알코올농도가 0.03% 이상인 경우이다.

실전문제 14

여객자동차 운수사업법령상 자동차를 정기적으로 운행하거나 운행하려는 구간은 무엇인가?

① 차도
② 차선
③ 노선
④ 관할구간

해설 자동차를 정기적으로 운행하거나 운행하려는 구간을 노선이라고 한다.

정답   10 ④ 11 ④ 12 ② 13 ① 14 ③

실전문제 15

주행 중 교차로 또는 그 부근에서 긴급자동차가 접근한 때에 운전자가 취해야 하는 운행방법은?

① 그 자리에서 정지한다.
② 교차로를 피하기 위하여 도로의 좌측 가장자리에서 일시정지한다.
③ 긴급자동차가 피해갈 수 있도록 도로 중앙을 이용해 서행한다.
④ 교차로를 피하기 위하여 도로의 우측 가장자리에 일시정지한다.

해설 주행 중 교차로 또는 그 부근에서 긴급자동차가 접근한 때에 운전자는 교차로를 피하기 위하여 도로의 우측 가장자리에 일시정지해야 한다.

실전문제 16

모든 운전자의 준수사항 등에 관한 내용으로 옳지 않은 것은?

① 운전자는 안전을 확인하지 아니하고 차의 문을 열거나 내려서는 아니 되며, 동승자가 교통의 위험을 일으키지 아니하도록 필요한 조치를 할 것
② 운전자는 승객이 차 안에서 안전운전에 현저히 방해가 될 정도로 춤을 추는 등 소란행위를 하도록 내버려두고 차를 운행하지 아니할 것
③ 운전자는 자동차가 정지하고 있는 경우 휴대용 전화를 사용하지 아니할 것
④ 운전자는 자동차를 급히 출발시키거나 속도를 급격히 높이는 행위를 하여 다른 사람에게 피해를 주는 소음을 발생시키지 아니할 것

해설 자동차 또는 원동기장치자전거가 정지하고 있는 경우, 긴급자동차를 운전하는 경우, 각종 범죄 및 재해 신고 등 긴급한 필요가 있는 경우에는 휴대용 전화를 사용할 수 있다(도로교통법 제49조제1항 제10호).

실전문제 17

제1종 대형면허와 제1종 보통면허의 운전범위를 구별하는 승합자동차의 승차정원 기준은?

① 5인 이하
② 10인 이하
③ 15인 이하
④ 20인 이하

해설 제1종 보통면허의 경우 승차정원 15인 이하의 승합자동차, 적재중량 12톤 미만의 화물자동차 등을 운전할 수 있다.

실전문제 18

편도 1차로인 일반도로에 비가 내려 노면이 젖은 상태인 경우 자동차의 최고속도는 얼마인가? (정상 날씨 제한속도는 100km/h라고 함)

① 80km/h
② 72km/h
③ 64km/h
④ 56km/h

해설 비가 내려 노면이 젖어 있는 경우 최고속도의 100분의 20을 줄인 속도로 운행해야 한다. 즉 100km/h × (20 ÷ 100) = 20km/h이므로 100km/h에서 20km/h를 줄인 속도인 80km/h로 운행해야 한다.

실전문제 19

클러치가 미끄러지는 원인으로 틀린 것은?

① 클러치 페달의 자유간극(유격)이 없다.
② 클러치 디스크의 마멸이 심하다.
③ 클러치 디스크에 오일 등이 묻어 있다.
④ 클러치 스프링의 장력이 과도하게 강하다.

해설 클러치 스프링의 장력이 약할 경우 클러치가 미끄러지는 현상이 발생한다.

정답   15 ④   16 ③   17 ③   18 ①   19 ④

실전문제 20

다음 괄호에 들어갈 숫자는?

> 도로교통법상 교통사고에 의한 사망으로 사망자 1명당 벌점 90점이 부과되는 것은 교통사고 발생 후 (　)시간 내 사망한 것을 말한다.

① 72
② 60
③ 48
④ 24

 교통사고 발생 후 72시간 이내에 사망한 인적 피해 교통사고의 경우에는 사망자 1명당 벌점 90점이 부과된다.

실전문제 21

다음 중 승합자동차 운전자에게 부과되는 범칙금액이 가장 많은 범칙행위는?

① 중앙선 침범
② 승객의 차 안 소란행위 방치 운전
③ 교차로에서의 양보운전 위반
④ 앞지르기 금지 장소 위반

 ② 범칙금 10만 원
① , ④ 범칙금 7만 원
③ 범칙금 5만 원

실전문제 22

다음에 들어갈 말로 옳은 것은?

> (　　　) = 공주거리 + 제동거리

① 안전거리
② 가속거리
③ 감속거리
④ 정지거리

해설　정지거리는 공주거리와 제동거리를 합한 거리이다.
① 안전거리 : 같은 방향으로 가고 있는 앞차가 갑자기 정지하게 되는 경우 그 앞차와의 추돌을 피하기 위해 필요한 거리로 정지거리보다 약간 긴 정도의 거리

실전문제 23

어린이통학버스 운전자의 의무사항으로 옳지 않은 것은?

① 어린이통학버스는 점멸등 등의 장치를 항상 작동해야 한다.
② 어린이나 영유아 탑승 시 좌석에 앉았는지를 확인한 후 출발하여야 한다.
③ 어린이나 영유아를 태울 때에는 법이 정한 보호자를 동반하고 운행하여야 한다.
④ 운행을 마친 후 어린이나 영유아가 모두 하차하였는지를 확인해야 한다.

해설　어린이통학버스는 어린이나 영유아가 타고 내리는 경우에만 점멸등 등의 장치를 작동해야 한다.

실전문제 24

조향장치가 구비하여야 할 조건으로 틀린 것은?

① 고속주행에서도 조향 조작이 안정적이어야 한다.
② 조작 시 주행 중의 충격에 영향을 받지 않아야 한다.
③ 조작이 쉽고 방향 전환이 원활하게 이루어져야 한다.
④ 조향 핸들의 회전과 바퀴 선회 차이가 커야 한다.

해설　조향 핸들의 회전과 바퀴 선회 차이가 크지 않아야 한다.

실전문제 25

보행자의 통행방법에 대한 설명으로 옳지 않은 것은?

① 큰 동물을 몰고 가는 사람은 보도로만 통행해야 한다.

② 공사 등으로 보도 통행이 금지된 경우에는 보도로 통행하지 아니할 수 있다.

③ 보도와 차도가 구분된 도로에서는 보도로 통행한다.

④ 보도와 차도가 구분되지 아니한 도로에서는 차마와 마주보는 방향의 길 가장자리로 통행한다.

해설　소나 말 등의 큰 동물을 몰고 가는 사람이나 행렬은 보행자의 통행에 지장을 줄 우려가 있으므로 차도의 우측으로 통행한다.

실전문제 26

다음과 같은 상황에서 위반한 내용은?

> 다리 위에서 앞에 진행하는 차의 좌측을 통행하여 앞지르기를 하였다.

① 중앙선 침범 위반　　　　　　　　② 우선권 양보 불이행

③ 앞지르기 금지장소 위반　　　　　④ 끼어들기 금지 위반

해설　모든 차의 운전자는 다음의 어느 하나에 해당하는 곳에서는 다른 차를 앞지르지 못한다.
- 교차로
- 터널 안
- 다리 위
- 도로의 구부러진 곳

실전문제 27

다음 중 후진사고에 해당하지 않는 경우는?

① 교통 혼잡으로 인해 후진이 금지된 곳에서 후진하는 경우

② 정차 중 노면경사로 인해 차량이 뒤로 흘러 내려간 경우

③ 후방에 대한 주시를 소홀히 한 채 후진하는 경우

④ 차로가 설치되어 있는 도로에서 뒤에 있는 장소로 가기 위해 상당 구간을 후진하는 경우

해설　**후진사고의 예외사항**
- 정차 중 노면경사로 인해 차량이 뒤로 흘러 내려가 피해를 입은 경우
- 뒤차의 전방주시나 안전거리 미확보로 앞차를 추돌하는 경우
- 고속도로나 자동차전용도로에서 정지 중 노면경사로 인해 차량이 뒤로 흘러내려간 경우
- 고속도로나 자동차전용도로에서 긴급자동차, 도로보수 및 유지작업 자동차, 교통상의 위험방지제거 및 응급조치작업에 사용되는 자동차로 부득이하게 후진하는 경우

실전문제 28

자동차의 일상점검을 실시할 때 운행 전 운전석에서의 점검사항이 아닌 것은?

① 핸들의 흔들림이나 유동 여부 점검

② 램프가 점등이 되고 파손되지는 않았는지 점검

③ 브레이크 페달의 자유간격 및 잔류 간극이 적당한지 점검

④ 변속레버의 조작은 용이한지 점검

해설　램프의 점등 여부 및 파손 여부 점검은 차의 외관점검 항목에 해당한다.

실전문제 29

다음 중 터보차저의 관리 요령으로 틀린 것은?

① 초기 시동 시 냉각된 엔진이 따뜻해질 때까지 20~30분 정도 공회전을 시켜 준다.

② 시동 전 오일량을 확인하고 시동 후 오일압력이 정상적으로 상승하는지 확인한다.

③ 공회전 또는 워밍업 시의 무부하 상태에서는 급가속을 하지 않도록 한다.

④ 회전부를 원활하게 윤활하도록 하고 터보차저에 이물질이 들어가지 않도록 주의한다.

해설 초기 시동 시에는 3~10분 정도 공회전을 시켜 주어 엔진이 정상적으로 가동할 수 있도록 해야 한다.

실전문제 30

자동차 연료로 사용되는 천연가스(CNG)의 특징으로 틀린 것은?

① 메탄(CH_4)을 주성분으로 하는 탄소량이 적은 탄화수소연료이다.

② 단위 에너지당 연료 용적은 경유와 비교했을 때 약 3.7배이다.

③ 옥탄가는 비교적 낮고 세탄가는 높다.

④ 탄소량이 적어 발열량당 CO_2의 배출량이 적다.

해설 천연가스는 옥탄가가 비교적 높고(RON : 120~136) 세탄가는 낮아 오토 사이클 엔진에 적합한 연료이다.

실전문제 31

다음 중 브레이크 조작 요령으로 틀린 것은?

① 브레이크를 밟을 때 2~3회에 나누어 밟게 되면 안정된 성능을 얻을 수 있다.

② 내리막길에서 운행할 때는 기어를 중립에 두고 탄력 운행을 하면 연료를 절감할 수 있다.

③ 고속 주행 상태에서 엔진 브레이크를 사용할 때는 주행 중인 단보다 한 단계 낮은 저단으로 변속한다.

④ 주행 중에 제동할 때는 핸들을 붙잡고 기어가 들어가 있는 상태에서 제동한다.

해설 내리막길에서 운행할 때 기어를 중립에 두고 탄력 운행을 할 경우 엔진 및 배기 브레이크의 효과가 나타나지 않으며, 제동공기압의 감소로 제동력이 저하될 수 있으므로 삼가야 한다.

실전문제 32

악천후 시 주행방법에 대한 설명으로 틀린 것은?

① 물이 고인 곳을 주행했을 때는 브레이크를 1~2회 길게 밟아 브레이크를 건조시킨다.

② 시계가 불량할 경우에는 속도를 줄이고, 미등 및 안개등, 혹은 전조등을 점등하고 운행한다.

③ 비가 내릴 때는 노면이 미끄러우므로 급제동을 피한다.

④ 폭우 시에는 시야 확보가 어려우므로 충분한 제동거리를 확보할 수 있도록 감속한다.

해설 브레이크 라이닝이 물에 젖으면 제동력이 떨어질 수 있다. 따라서 물이 고인 곳을 주행했을 때는 여러 번에 걸쳐 브레이크를 짧게 밟아 브레이크를 건조시켜야 한다.

실전문제 33

엔진으로 공기압축기를 구동, 발생한 압축공기를 동력원으로 사용하는 방식의 브레이크는?

① ABS

② 공기식 브레이크

③ 리타터 브레이크

④ 제이크 브레이크

해설 공기식 브레이크는 작은 브레이크 페달 조작력으로도 큰 제동력을 얻을 수 있어 버스나 대형 트럭 등에 많이 사용되는 브레이크 방식이다.

정답 29 ① 30 ③ 31 ② 32 ① 33 ②

실전문제 34

다음 중 머리지지대(Head rest)가 하는 역할로 옳은 것은?

① 충돌사고 발생 시 허리 부위를 보호하는 역할을 한다.

② 충돌사고 발생 시 어깨 부위를 보호하는 역할을 한다.

③ 충돌사고 발생 시 머리 및 목 부위를 보호하는 역할을 한다.

④ 충돌사고 발생 시 얼굴 및 이마 부위를 보호하는 역할을 한다.

해설　머리지지대(Head rest)는 충돌사고 발생 시 머리 및 목 부위를 보호하는 역할을 한다.

실전문제 35

다음 중 자동차 계기판 용어에 대한 설명으로 틀린 것은?

① 회전계 : 엔진의 분당 회전수(rpm)를 나타낸다.

② 적산거리계 : 자동차의 단위 시간당 주행거리를 나타낸다.

③ 전압계 : 배터리의 충전 및 방전 상태를 나타낸다.

④ 연료계 : 연료탱크에 남아 있는 연료의 잔류량을 나타낸다.

해설　적산거리계는 자동차가 주행한 총거리(km 단위)를 나타낸다. 자동차의 단위 시간당 주행거리를 나타내는 것은 속도계이다.

실전문제 36

시동모터가 작동되지 않거나 천천히 회전하는 경우의 추정원인이 아닌 것은?

① 연료필터가 막혀 있다.　　　　　　　　　② 배터리가 방전되었다.

③ 엔진오일의 점도가 너무 높다.　　　　　　③ 배터리 단자의 부식·이완·빠짐 현상이 있다.

해설　연료필터가 막혀 있을 경우 시동모터가 작동은 되지만 시동이 걸리지 않을 수 있다.

실전문제 37

자동변속기 오일이 장시간 고온 상태에 노출되어 열화된 경우 오일의 색깔은?

① 백색　　　　　　　　　　　　　　　　② 검은색

③ 붉은색　　　　　　　　　　　　　　　④ 갈색

해설　자동변속기 오일이 갈색인 경우 오일을 교환해야 하는 시기임을 의미한다.
　　　① 백색 : 오일에 수분이 다량으로 유입된 상태
　　　② 검은색 : 클러치 디스크의 마멸 분말이 섞인 상태에서 열화된 것으로 오염이 심각한 상태
　　　③ 붉은색 : 정상적인 상태

실전문제 38

다음 중 토인(Toe–in)에 대한 설명으로 틀린 것은?

① 앞바퀴를 위에서 보았을 때 뒤쪽이 앞쪽보다 좁게 되어 있는 상태를 말한다.

② 주행 중 옆 방향으로 미끄러지는 것을 방지한다.

③ 앞바퀴를 평행하게 회전시킨다.

④ 조향 링키지의 마멸에 의한 토아웃(Toe–out)을 방지한다.

해설　토인(Toe–in)은 앞바퀴를 위에서 보았을 때 앞쪽이 뒤쪽보다 좁게 되어 있는 상태를 말한다. 주행 중 옆 방향으로의 미끄러짐, 타이어의 마모, 링키지 마멸에 의한 토아웃 등을 방지한다.

정답　　34 ③　35 ②　36 ①　37 ④　38 ①

실전문제 39

자동차 종합검사의 기간은 유효기간의 마지막 날 전후 각각 며칠 이내인가?

① 10일

② 21일

③ 31일

④ 62일

> **해설** 자동차 소유자는 자동차 종합검사 유효기간의 마지막 날 전후 각각 31일 이내에 자동차 종합검사를 받아야 한다.

실전문제 40

자동차 정기검사를 받아야 하는 기간만료일로부터 40일이 넘은 경우 부과되는 과태료 금액은 얼마인가?

① 2만 원

② 3만 원

③ 4만 원

④ 5만 원

> **해설** 정기검사를 받아야 하는 기간만료일부터 30일 초과, 114일 이내인 경우 2만 원에 31일째부터 계산하여 3일 초과 시마다 1만원을 더한 금액을 과태료로 부과한다.

실전문제 41

안갯길에서 운행할 때 안전운전에 대한 설명으로 옳지 않은 것은?

① 안개시정표지를 통해 앞차와의 차간거리를 충분히 확보하여야 한다.

② 커브길에서는 경음기를 울려 내 차량의 위치를 알려야 한다.

③ 시선유도표지를 통해 전방의 도로선형을 확인한다.

④ 운전시야 확보를 위해 전조등만 켜고 비상점멸표시등은 다른 운전자를 위해 켜지 않는다.

> **해설** 안개길 운전 시 전조등, 안개등 및 비상점멸표시등을 켜고 운행한다. 짙은 안개로 운행이 어려울 때는 미등과 비상등을 점등시켜 충돌사고를 예방한다.

실전문제 42

곡선부를 주행하는 차량이 원심력에 의해 바깥쪽으로 튀어나가는 것을 막기 위해 차도의 횡단면 안쪽으로만 붙여진 것은?

① 편경사

② 축대

③ 시거

④ 종단경사

> **해설** 편경사는 평면곡선부에서 자동차가 원심력에 저항할 수 있도록 하기 위하여 설치하는 횡단경사이다.

실전문제 43

베이퍼 록 현상에 대한 설명으로 옳지 않은 것은?

① 풋 브레이크 사용을 줄여 예방한다.

② 브레이크 드럼과 라이닝 간격을 줄여 베이퍼 록 현상을 방지한다.

③ 베이퍼 록을 줄이려면 엔진 브레이크를 사용하여 저단 기어를 유지하여야 한다.

④ 브레이크가 제대로 작동하지 않는 현상을 베이퍼 록 현상이라 한다.

> **해설** 브레이크 드럼과 라이닝 간격이 작아 라이닝이 끌리게 되어 드럼이 과열되면 베이퍼 록 현상이 발생한다.

정답   39 ③   40 ④   41 ④   42 ①   43 ②

실전문제 44

차량 내부의 습기 제거로 알맞은 설명은?

① 습기를 제거할 땐 배터리를 넣은 상태에서 실시한다.

② 차체의 부식이나 악취 발생을 방지하기 위하여 실시한다.

③ 물에 잠긴 차량은 배선의 수분을 제거하지 않은 그대로의 상태에서 습기를 제거한다.

④ 냉각수의 양과 누수 여부를 반드시 확인한다.

해설 ① 감전사고의 예방을 위해 반드시 배터리를 분리하고 실시한다.
③ 배선의 수분을 제거하지 않은 상태에서 시동을 걸면 전기장치의 퓨즈가 단선될 수 있다.
④ 습기 제거와 관련 없는 관리 방법이다.

실전문제 45

보행자가 교차하는 차량의 불빛 중간에 있게 되면 운전자가 순간적으로 보행자를 전혀 보지 못하는 현상은?

① 현혹현상 ② 암순응

③ 증발현상 ④ 명순응

해설 증발현상은 야간에 대향차의 전조등 눈부심으로 인해 순간적으로 보행자를 잘 볼 수 없게 되는 현상이다.

실전문제 46

알코올이 운전에 미치는 영향으로 옳지 않은 것은?

① 차선을 지키는 능력이 감소한다. ② 주의집중 능력이 감소한다.

③ 차선을 준수하는 능력이 감소한다. ④ 시야의 인식 영역이 확대하므로 주의력이 감소한다.

해설 술을 마시면 시야의 인식 영역이 줄어든다.

실전문제 47

도로를 보호하고 비상시에 사용하기 위하여 차도와 연결하여 설치하는 도로의 부분은?

① 길어깨 ② 중앙분리대

③ 차로 ④ 교량

해설 길어깨는 '갓길'이라고도 한다.

실전문제 48

고속도로 주행 시 안전운전 방법에 대해 옳은 것은?

① 고속도로를 빠져나갈 때는 가능한 한 빨리 도로로 나간다.

② 진입은 빠르게 진입하고 그 후 안전하게 천천히 운행한다.

③ 후방을 주시하며 안전 운행한다.

④ 주변 교통흐름에 따라 최고속도를 유지한다.

해설 ② 진입은 안전하게 천천히 하고 진입 후 가속을 빠르게 한다.
③ 전방을 주시해야 한다.
④ 주변 교통흐름에 따라 적정속도를 유지해야 한다.

실전문제 49

앞지르기 차로를 설치할 수 있는 구간으로 옳은 것은?

① 터널구간　　　　　　　　　　　　② 교량구간
③ 오르막차로　　　　　　　　　　　④ 2차로 도로

> **해설**　앞지르기 차로를 설치할 수 있는 구간은 2차로 도로이다.

실전문제 50

외륜차에 의한 사고 위험으로 옳은 것은?

① 커브길에서 회전을 위한 공간에 끼어든 소형승용차를 발견하지 못해 사고가 날 수 있다.
② 후진주차를 위해 주차공간으로 진입 중 차의 앞부분이 다른 물체와 충돌할 수 있다.
③ 전진주차를 위해 주차공간으로 진입 중 차의 뒷부분이 주차된 차와 충돌할 수 있다.
④ 차량이 보도 위에 있던 보행자의 발등을 뒷바퀴로 밟고 지나갈 수 있다.

> **해설**　②는 외륜차에 의한 사고 위험이며 나머지는 내륜차에 의한 사고 위험에 대한 설명이다.

실전문제 51

제1종 운전면허 취득에 필요한 정지시력 기준으로 옳은 것은?

① 두 눈을 동시에 뜬 시력이 0.8 이상
② 두 눈을 동시에 뜬 시력이 0.5 이상
③ 한쪽 눈을 보지 못하는 사람은 다른 쪽 눈의 시력이 0.8 이상
④ 양쪽 눈의 시력이 각각 0.8 이상

> **해설**　제1종 운전면허를 취득하려면 두 눈을 동시에 뜨고 잰 시력이 0.8 이상이고 양쪽 눈 각각의 시력이 0.5 이상이어야 한다.

실전문제 52

운전자가 위험을 인지하고 자동차를 정지시키려고 시작하는 순간부터 자동차가 완전히 정지할 때까지 이동한 거리는?

① 제동거리　　　　　　　　　　　　② 정지거리
③ 공주거리　　　　　　　　　　　　④ 안전거리

> **해설**　정지거리에 대한 설명으로 정지거리는 공주거리와 제동거리를 합한 거리이다.

실전문제 53

다음 중 운전자가 지켜야 할 주의사항으로 옳은 것은?

① 횡단보도에 횡단하는 보행자가 없을 땐 빠른 속도로 통과한다.
② 고속도로에서 야간 운전 시 졸음이 오는 경우 갓길에 정차하여 휴식을 취한다.
③ 어린이 보호구역 내에서는 어린이가 없더라도 제한속도를 지켜야 한다.
④ 고속도로에는 빠르게 진입하고 진입 후에 천천히 속도를 줄인다.

> **해설**　① 횡단보도에서는 보행자가 없더라도 신호를 지켜야 한다.
> ② 고속도로에서 졸음이 오는 경우 휴게소에서 휴식을 취한 후 운전한다.
> ④ 고속도로에서 안전하게 천천히 진입하고 진입 후 가속을 빠르게 한다.

실전문제 54

브레이크 고장 시 대처방법으로 옳지 않은 것은?

① 브레이크 페달을 반복해서 빠르고 세게 밟는다.

② 기어를 저단으로 바꾼다.

③ 페이드 현상이 일어나면 브레이크를 저단으로 변경한다.

④ 앞·뒤 브레이크가 동시에 고장나면 주차 브레이크를 세게 당긴다.

해설 페이드 현상이 일어나면 차를 멈추고 브레이크가 식을 때까지 기다린다.

실전문제 55

운전자가 적절하게 전방의 상황을 인지하고 안전한 행동을 취할 수 있도록 하기 위해 거울면을 통해 사물을 비추어주는 시설은?

① 도로반사경   ② 과속방지시설

③ 방호울타리   ④ 시선유도시설

해설 도로반사경은 운전자의 시거 조건이 양호하지 못한 장소에서 운전자에게 사물을 비추어주는 시설이다.

실전문제 56

교통사고 발생 시 적절한 대처 요령이 아닌 것은?

① 사고가 발생하면 신속히 비상등을 켜고 갓길로 차량을 이동시킨다.

② 차량 내 또는 주변에 있기보다는 가드레일 밖 등 안전한 장소로 이동한다.

③ 부상자가 있을 경우 상처 부위를 부목으로 고정한 후 안전한 장소로 이동시킨다.

④ 사고를 낸 운전자는 자세한 상황을 경찰관서에 신고한다.

해설 함부로 부상자를 움직이거나 상처를 치료해서는 안 된다.

실전문제 57

터널 내 화재 발생 시 적절하지 않은 행동요령은?

① 운전자는 차량과 함께 터널 밖으로 신속히 이동한다.

② 키를 꽂아둔 채 엔진은 그대로 둔 상태에서 신속하게 하차한다.

③ 비상벨을 누르거나 비상전화로 화재발생을 알려줘야 한다.

④ 터널에 비치된 소화기로 조기 진화를 시도한다.

해설 엔진을 끈 후 키를 꽂아둔 채 신속하게 하차한다.

실전문제 58

야간에 운전할 때에 주의해야 하는 사항이 아닌 것은?

① 주간보다 시야가 제한되므로 속도를 줄여 운행한다.

② 어두워지기 시작하면 전조등을 켜 다른 운전자들에게 자신의 차를 알린다.

③ 승합자동차는 야간에 운행할 때에 실내조명등을 켜고 운행한다.

④ 불빛에 반사가 잘되는 소재의 옷을 입은 보행자는 야간에는 발견하기 곤란하므로 주의를 기울인다.

해설 빛에 반사가 잘되지 않는 어두운 옷을 입은 보행자는 야간에 식별이 곤란하다.

실전문제 59

내리막길을 내려갈 때 브레이크를 반복하여 사용하면 마찰열이 라이닝에 축적되어 브레이크의 제동력이 저하되는 현상은?

① 워터 페이드(Water fade) 현상
② 베이퍼 록(Vapour lock) 현상
③ 페이드(Fade) 현상
④ 스탠딩 웨이브(Standing wave) 현상

해설 페이드 현상은 브레이크 라이닝의 온도가 상승하여 라이닝의 마찰계수가 저하되고 페달을 강하게 밟아도 제동이 잘 되지 않는 현상이다.

실전문제 60

다음 중 안전운전 5가지 기본 기술에 속하지 않는 것은?

① 차가 빠져나갈 공간을 확보한다.
② 운전 중에 전방 가까운 곳을 잘 살핀다.
③ 다른 사람들이 자신을 볼 수 있게 한다.
④ 차가 빠져나갈 안전공간을 확보한다.

해설 전방을 멀리 주시하여 돌발상황이나 어려운 상황이 일어나지 않도록 주의한다.

실전문제 61

운행 중 앞지르기하고자 할 때 주의사항으로 옳은 것은?

① 고속도로에서 앞지르기할 때 제한속도를 초과하여 신속하게 지나간다.
② 앞지르기 할 때에는 항상 방향지시등을 작동시킨다.
③ 편도 1차로를 포함해 오르막길의 정상 부근, 교차로에서 앞지르기가 가능하다.
④ 앞 차량의 우측 차로를 통해 앞지르기를 한다.

해설 ① 앞지르기는 허용된 구간에서만 시행하며 제한속도를 넘지 않는 범위 내에서 시행한다.
③ 도로의 구부러진 곳, 오르막길의 정상 부근, 교차로, 터널 안 등에서는 앞지르기를 하지 않는다.
④ 앞 차량의 좌측 차로를 통해 앞지르기를 해야 한다.

실전문제 62

버스 교통사고의 유형 중에서 사고 빈도가 가장 높은 사고는?

① 동일 방향 후미추돌사고
② 회전, 급정거 등으로 인한 차내 승객 사고
③ 1차 사고로 인한 후속 사고
④ 승하차 시 사고

해설 회전, 급정거 등으로 인한 차내 승객 사고가 가장 높으며 그 다음이 동일 방향 후미추돌사고이다.

실전문제 63

일정한 거리에서 일정한 시표를 보고 모양을 확인할 수 있는지를 가지고 측정하는 시력은?

① 동체시력
② 미간시력
③ 정지시력
④ 정체시력

해설 시력은 물체의 모양 · 위치를 분별하는 눈의 능력으로 일정 거리에서 일정 시표를 확인하는 것은 정지시력이다.

실전문제 64

버스 운전자로서의 기본자세로 옳지 않은 것은?

① 경력이 높을수록 자신의 운전 경험을 믿고 주관적인 운행을 해야 한다.

② 수많은 승객의 안전을 책임지면서 서비스에 대한 만족도를 높여주어야 한다.

③ 평생 안전운전을 배워나가는 자세를 유지해야 한다.

④ 자동차나 어린이가 갑자기 출현할 수 있다는 생각을 갖고 운전한다.

해설 숙련된 운전자라도 정기적인 안전운전교육을 받고 대중교통서비스의 첨병이라는 사실을 잊지 않아야 하며 평생 안전운전을 배워 나가는 자세를 유지해야 할 것이다.

실전문제 65

다음 중 주행하고 있을 때 운전자가 지켜야 할 사항이 아닌 것은?

① 교통량이 많은 곳에서는 속도를 줄여 주행한다.

② 돌발 상황에 대비하여 난폭운전은 하지 않는다.

③ 핸들을 조작할 때마다 상체가 한 쪽으로 쏠리지 않도록 상체 이동을 최소화시킨다.

④ 신호대기 중에 기어를 넣고 자세가 불안정하지 않도록 브레이크 페달에서 발을 뗀다.

해설 신호대기 중에 기어를 넣은 상태에서 클러치와 브레이크 페달을 밟아 자세가 불안정하게 만들지 않는다.

실전문제 66

여객운송서비스의 특징에 대한 설명으로 틀린 것은?

① 서비스는 재고가 없고, 불량 서비스가 나와도 다른 제품처럼 반품할 수도 없다.

② 서비스는 운전자에 의해 생산되기 때문에 인적의존성이 높다.

③ 서비스는 공급자에 의해 제공됨과 동시에 승객에 의해 소비되는 성질을 가지고 있다.

④ 서비스는 제공이 끝나면 상대적으로 짧은 시간 동안만 남아 있다가 사라진다.

해설 서비스는 오래 남아 있는 것이 아니라 제공이 끝나면 즉시 사라져 남지 않는다.

실전문제 67

심폐소생술을 실시할 때 가슴압박과 인공호흡의 비율로 적절한 것은?

① 30 : 4

② 30 : 2

③ 20 : 2

④ 20 : 1

해설 심폐소생술을 실시할 때 가슴압박과 인공호흡의 비는 30 : 2가 적절하다.

실전문제 68

다음 중 간선급행버스체계(BRT)의 특징으로 틀린 것은?

① 환승 정류소 및 터미널을 이용하여 다른 교통수단과의 연계 가능

② 운행사업자의 경영 개선 유도

③ 정류소 및 승차대의 쾌적성 향상

④ 중앙버스전용차로와 같은 분리된 버스전용차로 제공

해설 운행사업자의 경영 개선 유도는 버스준공영제의 시행 목적이며 간선급행버스체계와는 무관한 사항이다.

정답 64 ① 65 ④ 66 ④ 67 ② 68 ②

실전문제 69

다음 중 운수사업자가 자율적으로 요금을 정하는 운송사업은?

① 고속버스 운송사업　　　　　② 마을버스 운송사업
③ 특수여객 운송사업　　　　　④ 농어촌버스 운송사업

> 해설　전세버스 운송사업이나 특수여객 운송사업과 같은 구역 운송사업은 운수사업자가 자율적으로 요금을 결정한다.

실전문제 70

버스준공영제의 유형 중 형태에 의한 분류에 해당하지 않는 것은?

① 노선 공동관리형　　　　　② 수입금 공동관리형
③ 자동차 공동관리형　　　　　④ 지역 공동관리형

> 해설　버스준공영제를 형태에 의해 분류할 경우 노선 공동관리형, 수입금 공동관리형, 자동차 공동관리형으로 분류된다.

실전문제 71

버스운전자가 삼가야 하는 행동으로 틀린 것은?

① 도로상에서 사고가 발생한 경우 차량을 세워 둔 채로 즉시 시시비비를 가리도록 한다.
② 지그재그 운전으로 다른 운전자를 불안하게 하는 행동은 하지 않는다.
③ 운전 중에 갑자기 끼어들거나 다른 운전자에게 욕설을 하지 않는다.
④ 과속으로 운행하며 급브레이크를 밟는 행위를 하지 않는다.

> 해설　도로상에서 사고가 발생한 경우 차량을 세워 둔 채로 시비, 다툼 등의 행위로 다른 차량의 통행을 방해해서는 안 된다.

실전문제 72

운전자가 지켜야 할 교통관련 법규 및 사내 안전관리 규정 준수사항으로 틀린 것은?

① 정당한 사유 없이 운행노선을 임의로 변경해서 운행해서는 안 된다.
② 배차지시 없이 임의로 차량을 운행해서는 안 된다.
③ 자동차 전용도로나 급경사길 등에 주·정차할 때는 상당한 주의를 기울인다.
④ 운전에 악영향을 미치는 음주 및 약물복용 후 운전해서는 안 된다.

> 해설　자동차 전용도로나 급격한 경사길 등에서는 차량을 주·정차해서는 안 된다.

실전문제 73

버스전용차로 설치에 있어 적절하지 않은 곳은?

① 편도 3차로 이상의 도로로 전용차로 설치에 문제가 없는 구간
② 대중교통 이용자들의 폭넓은 지지를 받는 구간
③ 전용차로를 설치하고자 하는 구간의 교통정체가 심한 곳
④ 버스 통행량이 일정 수준 이상이고 1인 승차 승용차의 비중이 낮은 구간

> 해설　버스전용차로는 버스 통행량이 일정 수준 이상이고, 1인 승차 승용차의 비중이 높은 구간에 설치하도록 되어 있다.

정답　　69 ③　70 ④　71 ①　72 ③　73 ④

실전문제 74

버스운행관리시스템(BMS)의 운영에 관한 설명으로 틀린 것은?

① 차내에서 다음 정류소 및 도착 예정 시간 안내
② 관계기관, 버스회사, 운수종사자 대상 정시성 확보
③ 버스정책 수립 등을 위한 기초자료 제공
④ 버스운행 상황과 사고 등 돌발적 상황 감지

해설 차내에서 다음 정류소 및 도착 예정 시간을 안내하는 것은 버스정보시스템(BIS)의 운영에 대한 설명이다.

실전문제 75

고객서비스의 특성 중 동시성에 대한 설명으로 옳은 것은?

① 버스 승차를 경험한 이후 그 질적 수준을 인지할 수 있다.
② 서비스는 공급자에 의해 제공됨과 동시에 승객에 의해 소비된다.
③ 서비스는 측정하기는 어렵지만 누구나 느낄 수는 있다.
④ 서비스는 그것을 행하는 사람에 따라 품질의 차이가 발생하기 쉽다.

해설 서비스의 동시성은 서비스의 생산과 소비가 동시에 발생한다는 특성이다. ①과 ③은 서비스의 무형성, ④는 서비스의 인적 의존성에 대한 설명이다.

실전문제 76

승객만족의 개념 및 중요성에 대한 설명으로 틀린 것은?

① 지속적인 서비스 교육 시행 등 승객 만족을 위한 분위기 조성은 운전자의 몫이다.
② 승객만족은 승객의 기대에 부응하는 양질의 서비스를 제공하여 승객이 만족감을 느끼도록 하는 것이다.
③ 승객이 느끼는 일부 운전자에 대한 불만족은 회사 전체의 평가에 큰 영향을 미친다.
④ 실제 승객을 상대하고 승객을 만족시키는 사람은 승객과 접촉하는 최일선의 운전자이다.

해설 지속적인 서비스 제공 교육 시행 등 승객을 만족시키기 위한 분위기의 조성은 경영자의 몫이다.

실전문제 77

교통사고조사규칙에 따른 대형교통사고 기준으로 옳은 것은?

① 3명 이상이 사망한 사고
② 5명 이상이 사망한 사고
③ 10명 이상이 사망한 사고
④ 20명 이상이 사망한 사고

해설 교통사고조사규칙에 따른 대형사고는 3명 이상이 사망하거나 20명 이상의 사상자가 발생한 사고를 말한다.

실전문제 78

승객이 차멀미를 할 경우의 조치사항으로 틀린 것은?

① 차멀미가 심한 경우 휴게소 등 안전하게 정차할 수 있는 곳에 정차하여 차에서 내려 시원한 공기를 마시도록 한다.
② 차멀미 승객이 토할 경우를 대비해 위생봉지를 준비한다.
③ 환자의 경우는 뒤쪽으로 앉도록 한다.
④ 차멀미 승객이 토한 경우 주변 승객이 불쾌하지 않도록 신속히 처리한다.

해설 환자의 경우는 통풍이 잘되고 비교적 흔들림이 적은 앞쪽으로 앉도록 한다.

정답   74 ①   75 ②   76 ①   77 ①   78 ③

실전문제 79

교통사고 발생 시 부상자 의식 상태 확인 방법으로 틀린 것은?

① 말을 걸거나 팔을 꼬집어 눈동자를 확인한 후 의식이 있다면 말로 안심시킨다.

② 의식이 없을 경우 환자의 몸을 세게 흔들어 깨운다.

③ 의식이 없을 경우 기도를 확보한다.

④ 목뼈 손상의 가능성이 있는 경우 목 뒤쪽을 한 손으로 받쳐준다.

> **해설** 환자의 몸을 심하게 흔들어선 안 된다.

실전문제 80

차량 고장 시 운전자의 조치사항으로 틀린 것은?

① 정차 차량의 결함이 심할 경우 비상등을 점멸시키면서 갓길에 차를 바짝 대 정차한다.

② 비상전화를 먼저 한 후 차의 후방에 경고반사판을 설치한다.

③ 차에서 내릴 때는 옆 차로의 차량 주행상황을 살핀 후 내린다.

④ 야간에는 밝은 색 옷이나 야광이 되는 옷을 착용하는 것이 좋다.

> **해설** 비상전화를 하기 전에 차의 후방에 경고반사판을 설치해야 하며, 특히 야간에는 주의를 기울여야 한다.

03 실전모의고사 3회

실전문제 01

다음 중 도로교통법상 정의로 옳지 않은 것은?

① 트럭적재식 천공기는 자동차이다.

② 2톤의 지게차는 자동차로 정의된다.

③ 원동기장치자전거를 제외한 이륜자동차는 자동차에 포함된다.

④ 자동차관리법에 따른 이륜자동차 가운데 배기량이 125cc 이하인 이륜자동차는 자동차로 정의된다.

해설 자동차관리법에 따른 이륜자동차 가운데 배기량이 125cc 이하인 이륜자동차는 원동기장치자전거로 정의된다.

실전문제 02

다음에 들어갈 내용으로 옳은 것은?

> 시외버스운송사업 중 고속형은 시외고속버스 또는 시외우등고속버스를 사용하여 운행거리가 (   )km 이상이고, 운행구간의 (   )% 이상을 고속국도로 운행하며, 기점과 종점의 중간에서 정차하지 아니하는 운행형태이다.

① 100, 60

② 100, 50

③ 150, 60

④ 150, 50

해설 시외버스운송사업 중 고속형은 시외고속버스 또는 시외우등고속버스를 사용하여 운행거리가 100km 이상이고, 운행구간의 60% 이상을 고속국도로 운행하며, 기점과 종점의 중간에서 정차하지 아니하는 운행형태이다.

실전문제 03

여객자동차 운수사업법상 대폐차에 충당되는 승용자동차와 승합자동차의 차량충당연한이 옳게 연결된 것은?

	승용자동차	승합자동차
①	1년	1년
②	1년	3년
③	2년	1년
④	2년	3년

해설 차령이 만료되거나 운행거리를 초과한 차량 등을 다른 차량으로 대체하는 것을 대폐차라고 하며, 승용자동차는 1년, 승합자동차는 3년의 차량충당연한이 있다.

실전문제 04

도로교통법에서 정하는 보행자의 도로횡단 방법 중 횡단보도가 설치되어 있지 않은 도로에서 횡단하는 방법으로 옳은 것은?

① 도로의 중앙으로 빠르게 횡단한다.

② 도로의 가장 긴 거리로 횡단한다.

③ 도로의 가장 짧은 거리로 횡단한다.

④ 무조건 횡단보도가 있는 곳으로 이동하여 횡단한다.

해설 보행자는 횡단보도가 설치되어 있지 아니한 도로에서는 가장 짧은 거리로 횡단하여야 한다(도로교통법 제10조 제3항).

실전문제 05

여객자동차 운수사업법상 운수종사자 교육의 종류가 아닌 것은?

① 신규교육　　　　　　　　　　　　　② 수시교육
③ 보수교육　　　　　　　　　　　　　④ 자율교육

해설　운수종사자는 국토교통부령으로 정하는 바에 따라 운전업무를 시작하기 전에 신규교육, 보수교육, 수시교육을 받아야 한다.

실전문제 06

어린이통학버스로 신고할 수 있는 자동차의 정원으로 옳은 것은?

① 승차정원 11인승 이상　　　　　　　② 승차정원 9인승 이상
③ 승차정원 7인승 이상　　　　　　　④ 승차정원 5인승 이상

해설　어린이통학버스로 신고할 수 있는 자동차는 승차정원 9인승 이상의 자동차이다.

실전문제 07

다음 중 횡단보도 보행자로 인정되는 경우는?

> ㄱ. 횡단보도에서 자전거를 타고 가는 사람　　　ㄴ. 세발자전거를 타고 횡단보도를 건너는 어린이
> ㄷ. 보도에 서 있다가 횡단보도 내로 넘어진 사람　　ㄹ. 횡단보도 내에서 택시를 잡고 있는 사람
> ㅁ. 손수레를 끌고 횡단보도를 건너는 사람

① ㄱ, ㄷ　　　　　　　　　　　　　② ㄷ, ㄹ
③ ㄴ, ㅁ　　　　　　　　　　　　　④ ㄴ, ㄹ, ㅁ

해설　보행자로 인정되는 경우와 아닌 경우

횡단보도 보행자로 인정되는 경우	횡단보도 보행자로 인정되지 않는 경우
• 횡단보도를 걸어가는 사람 • 횡단보도에서 원동기장치자전거나 자전거를 끌고 가는 사람 • 횡단보도에서 원동기장치자전거나 자전거를 타고 가다 이를 세우고 한 발은 페달에 다른 한 발은 지면에 서 있는 사람 • 세발자전거를 타고 횡단보도를 건너는 어린이 • 손수레를 끌고 횡단보도를 건너는 사람	• 횡단보도에서 원동기장치자전거나 자전거를 타고 가는 사람 • 횡단보도에 누워 있거나, 앉아 있거나, 엎드려 있는 사람 • 횡단보도 내에서 교통정리를 하고 있는 사람 • 횡단보도 내에서 택시를 잡고 있는 사람 • 횡단보도 내에서 화물 하역작업을 하고 있는 사람 • 보도에 서 있다가 횡단보도 내로 넘어진 사람

실전문제 08

시외버스 운송사업자가 차내에 운전자격증명을 항상 게시하지 않은 경우 과징금은 얼마인가?

① 3만 원　　　　　　　　　　　　　② 5만 원
③ 7만 원　　　　　　　　　　　　　④ 10만 원

해설　운송사업자가 차내에 운전자격증명을 항상 게시하지 않은 경우 10만 원의 과징금이 부과된다.

실전문제 09

도로교통법상 서행으로 운전해야 하는 경우는?

① 교차로를 통과하는 경우　　　　　　② 교차로에서 긴급자동차가 접근하는 경우
③ 교차로의 신호기가 적색 등화의 점멸일 경우　　④ 교통정리를 하고 있지 아니하는 교차로를 통과하는 경우

해설　②, ③의 경우 일시정지를 해야 한다.

실전문제 10

운전면허가 취소되는 경우는?

① 교통사고를 일으켜서 중상을 입힌 경우

② 다른 사람의 자동차를 훔친 경우

③ 혈중알코올 농도가 0.06%인 상태로 운전한 경우

④ 혈중알코올 농도가 0.01%인 상태에서 운전하여 사람을 다치게 한 경우

해설 다른 사람의 자동차를 훔친 경우에는 운전면허가 취소된다.

실전문제 11

다음 교통안전표지의 의미는 무엇인가?

3.5m

① 차 높이 제한 　　　　　　　　　② 차 중량 제한

③ 차 폭 제한 　　　　　　　　　　④ 차간 거리 확보

해설 주어진 교통안전표지는 차 높이의 제한을 의미한다.

실전문제 12

승합자동차 등의 속도위반과 관련한 범칙금액으로 옳지 않은 것은?

① 제한속도를 20km/h 이하로 넘긴 속도위반 : 5만 원

② 제한속도를 20km/h 초과 40km/h 이하로 넘긴 속도위반 : 7만 원

③ 제한속도를 40km/h 초과 60km/h 이하로 넘긴 속도위반 : 10만 원

④ 제한속도를 60km/h 초과한 속도위반 : 13만 원

해설 승합자동차가 제한속도를 20km/h 이하로 넘긴 속도위반의 경우 범칙금 3만 원이 부과된다(도로교통법 시행령 별표 8).

실전문제 13

다음의 경우 형법상 벌칙은?

차의 운전자가 업무상 과실 또는 중대한 과실로 인하여 사람을 사상에 이르게 한 경우

① 1년 이하의 금고 또는 1천만 원 이하의 벌금　　② 3년 이하의 금고 또는 2천만 원 이하의 벌금

③ 5년 이하의 금고 또는 2천만 원 이하의 벌금　　④ 5년 이하의 금고 또는 3천만 원 이하의 벌금

해설 형법 제268조 업무상 과실 · 중과실 치사상죄에 대한 내용으로, 위와 같은 상황에 이르게 한 자는 5년 이하의 금고 또는 2천만 원 이하의 벌금에 처한다.

실전문제 14

사고운전자가 형사상 합의가 안 되어 형사처벌 대상이 되는 중상해의 범위로 볼 수 없는 상해는?

① 사지절단
② 완치 가능한 사고 후유증
③ 사고 후유증으로 중증의 정신장애
④ 생명유지에 불가결한 뇌의 중대한 손상

해설 　중상해는 뇌 또는 주요 장기의 중대한 손상, 사지절단 등 신체 중요부분의 상실 · 중대변형 또는 시각 · 청각 · 언어 · 생식기능 등 중요한 신체 기능의 영구 상실, 사고 후유증으로 인한 중증의 정신장애, 하반신 마비 등 완치 가능성이 없거나 희박한 중대질병 등이다.

실전문제 15

다음 중 좌석안전띠에 대한 위반 행위 시 과태료로 옳지 않은 것은?

① 여객이 착용하는 좌석안전띠가 정상적으로 작동될 수 있는 상태를 유지하지 않은 경우 : 1회 위반 시 20만 원
② 운송사업자가 운수종사자에게 여객의 좌석안전띠 착용에 관한 교육을 실시하지 않은 경우 : 2회 위반 시 30만 원
③ 운수종사자가 차량의 출발 전에 여객이 좌석안전띠를 착용하도록 안내하지 않은 경우 : 3회 위반 시 15만 원
④ 운송사업자가 운수종사자에게 여객의 좌석안전띠 착용에 관한 교육을 실시하지 않은 경우 : 3회 위반 시 50만 원

해설 　운수종사자가 차량의 출발 전에 여객이 좌석안전띠를 착용하도록 3회 안내하지 않은 경우 10만 원의 과태료가 부과된다.

실전문제 16

사고운전자가 피해자를 사고 장소로부터 옮겨 유기하고 도주하여 피해자가 사망한 경우 사고운전자에 대한 처벌은?

① 3년 이상의 유기징역
② 무기 또는 5년 이상의 징역
③ 사형 또는 무기 또는 5년 이상의 징역
④ 3년 이하의 징역 또는 3천만 원 이하의 벌금

해설 　사고운전자가 피해자를 사망에 이르게 하고 도주하거나, 도주 후에 피해자가 사망한 경우에는 사형, 무기 또는 5년 이상의 징역을 받는다.

실전문제 17

교통법규 위반 시 받게 되는 벌점이 다른 하나는?

① 운전자 신원확인을 위한 경찰공무원의 질문에 불응
② 고속도로 갓길통행
③ 철길건널목 통과방법 위반
④ 속도 위반(20km/h 초과 40km/h 이하)

해설 　①~③는 30점의 벌점을 받게 되고, ④는 15점의 벌점을 받게 된다.

실전문제 18

자동차의 운전자가 고속도로 또는 자동차전용도로에서 차를 정지하거나 주차할 수 없는 경우는?

① 버스가 승객의 요청으로 정차 또는 주차한 경우
② 고장이나 그 밖의 부득이한 사유로 길가장자리구역(갓길을 포함)에 정차 또는 주차시키는 경우
③ 경찰공무원의 지시에 따르거나 위험을 방지하기 위하여 일시 정차 또는 주차시키는 경우
④ 통행료를 내기 위하여 통행료를 받는 곳에서 정차하는 경우

해설 　버스는 승객의 요청을 사유로 고속도로 또는 자동차전용도로에서 차를 정지하거나 주차할 수 없다.

실전문제 19

다음 중 운행계통을 정하지 아니하고 전국을 사업구역으로 하여 1개의 운송계약에 따라 승차정원 16인승 이상의 승합자동차를 사용하여 여객을 운송하는 사업은?

① 전세버스 운송사업
② 농어촌버스 운송사업
③ 마을버스 운송사업
④ 시내버스 운송사업

해설 여객자동차운송사업의 종류(여객자동차 운수사업법 시행령 제3조)
• 노선 여객자동차운송사업 : 시내버스 운송사업, 농어촌버스 운송사업, 마을버스 운송사업, 시외버스 운송사업
• 구역 여객자동차운송사업 : 전세버스 운송사업, 특수여객자동차운송사업

실전문제 20

도로교통법상 승합자동차 운전자가 어린이보호구역 내에서 신호를 지키지 않았을 경우 과태료는 얼마인가?

① 15만 원
② 14만 원
③ 13만 원
④ 12만 원

해설 승합자동차의 경우 어린이보호구역에서 신호 또는 지시를 따르지 않으면 14만 원의 과태료를 부과한다.

실전문제 21

다음 중 정차 및 주차가 모두 금지되는 장소가 아닌 곳은?

① 터널 안 및 다리 위
② 교차로의 가장자리 또는 도로의 모퉁이로부터 5m 이내인 곳
③ 건널목의 가장자리 또는 횡단보도로부터 10m 이내인 곳
④ 안전지대가 설치된 도로에서는 그 안전지대의 사방으로부터 각각 10m 이내인 곳

해설 터널 안 및 다리 위는 주차만 금지되고 정차는 가능하다.

실전문제 22

도로 위 황색 실선으로 표시된 노면표시의 의미는?

① 버스전용차로표시
② 어린이보호구역 안 속도제한표시의 테두리
③ 주 · 정차 금지표시
④ 소방시설 주변 정차금지표시

해설 ①은 청색, ②, ④는 적색으로 표시된다.

실전문제 23

어린이 통학버스 운영자와 운전하는 사람은 법에서 정한 안전교육을 받아야 한다. 이에 대한 설명으로 옳지 않은 것은?

① 도로교통공단에서 관리하는 어린이 통학버스 안전운행에 관한 교육을 받아야 한다.
② 신규 안전교육은 어린이 통학버스 운영자와 운전하는 사람을 대상으로 그 운영 또는 운전을 하기 전에 실시하는 교육이다.
③ 정기 안전교육은 어린이 통학버스 운영자와 운전하는 사람을 대상으로 3년마다 정기적으로 실시하는 교육이다.
④ 어린이 통학버스 안전교육은 강의 · 시청각교육 등의 방법으로 3시간 이상 실시한다.

해설 정기 안전교육은 어린이 통학버스 운영자와 운전하는 사람을 대상으로 2년마다 정기적으로 실시하는 교육이다.

정답　19 ①　20 ②　21 ①　22 ③　23 ③

실전문제 **24**

편도 2차로 이상의 고속도로에서 승용자동차의 최고속도와 최저속도 기준으로 옳은 것은? (단, 지정 · 고시한 노선 또는 구간의 고속도로는 제외함)

	최고속도	최저속도
①	120km/h	50km/h
②	100km/h	40km/h
③	120km/h	40km/h
④	100km/h	50km/h

해설 편도 2차로 이상의 고속도로에서 자동차의 속도

도로구분	최고속도	최저속도
고속도로	100km/h	50km/h
	80km/h(적재중량 1.5톤을 초과하는 화물자동차, 특수자동차, 위험물운반자동차, 건설기계)	
지정 · 고시한 노선 또는 구간의 고속도로	120km/h	
	90km/h(적재중량 1.5톤을 초과하는 화물자동차, 특수자동차, 위험물운반자동차, 건설기계)	

실전문제 **25**

신호등이 없는 교차로에서 양보운전 요령으로 옳지 않은 것은?

① 폭이 좁은 도로에서 진입한 차에 양보한다.　　② 교차로에 먼저 진입한 차에 양보한다.

③ 우측 도로에서 진입한 차에 양보한다.　　④ 좌회전하려는 경우 직진하거나 우회전하는 차에 양보한다.

해설 신호등이 없는 교차로에서는 폭이 넓은 도로에서 진입한 차에 양보해야 한다.

실전문제 **26**

다음 중 운행 전 외관점검 사항에 해당하지 않는 것은?

① 타이어의 공기압력 마모 상태는 적절한지 점검한다.

② 유리는 깨끗하며 깨진 곳은 없는지 점검한다.

③ 각종 벨트의 장력은 적당하고 손상된 곳은 없는지 점검한다.

④ 파워스티어링 오일 및 브레이크 액의 양과 상태는 양호한지 점검한다.

해설 벨트의 장력 및 손상 여부 확인은 외관점검이 아닌 엔진점검 사항에 해당한다.

실전문제 **27**

도로교통법상 운전이 금지되는 술에 취한 상태의 기준으로 옳은 것은?

① 혈중알코올농도 0.015% 이상　　② 혈중알코올농도 0.03% 이상

③ 혈중알코올농도 0.05% 이상　　④ 혈중알코올농도 0.07% 이상

해설 도로교통법 제44조 제4항에서는 운전이 금지되는 술에 취한 상태의 기준을 운전자의 혈중알코올농도가 0.03% 이상인 경우로 규정하고 있다.

실전문제 28

압축천연가스(CNG) 자동차의 연료장치 구성품 중 실린더의 파열을 방지하기 위해 가스를 배출시켜 주는 일회용 소모성 장치는?

① 실린더밸브
② 압력조정기
③ 과류방지밸브
④ 압력방출장치

해설 압력방출장치는 과도한 온도 또는 온도와 압력을 함께 감지하여 작동되며, 실린더의 파열 방지를 위해 가스를 배출시켜 주는 일회용 소모성 장치이다.

실전문제 29

겨울철에 타이어 체인을 장착한 경우 안전하게 운행하기 위한 일반적인 주행 속도는 몇 km/h인가?

① 30km/h 이내
② 40km/h 이내
③ 50km/h 이내
④ 60km/h 이내

해설 타이어 체인을 장착한 경우에는 30km/h 이내 또는 체인 제작사에서 추천하는 규정속도 이하로 주행해야 한다.

실전문제 30

풋 브레이크가 작동하지 않을 때의 응급조치요령으로 가장 적합한 것은?

① 가속페달에서 발을 떼어 속도를 서서히 감속시킨 후 주차 브레이크를 이용하여 정지한다.
② 주행 중 시동을 끄고 관성주행하여 차가 정지할 때까지 주행한다.
③ 고단 기어에서 저단 기어로 한 단씩 줄여 감속한 후에 주차 브레이크를 이용하여 정지한다.
④ 저단 기어에서 고단 기어로 한 단씩 올려 시동이 꺼지면 주차 브레이크를 이용하여 정지한다.

해설 풋 브레이크가 작동하지 않을 경우 엔진 브레이크와 주차 브레이크를 이용해야 한다. 따라서 고단 기어에서 저단 기어로 줄여 감속한 후에 주차 브레이크를 이용하여 정지한다.

실전문제 31

다음 중 핸들이 무거워지는 경우의 추정원인으로 옳은 것은?

① 타이어의 무게중심이 맞지 않는다.
② 타이어의 공기압이 각 타이어마다 다르다.
③ 휠 너트(허브 너트)가 풀려 있다.
④ 파워스티어링의 오일이 부족하다.

해설 앞바퀴의 공기압이 부족하거나 파워스티어링 오일이 부족할 경우 핸들이 무거워질 수 있다. ①~③은 핸들이 떨릴 경우의 추정원인에 해당한다.

실전문제 32

자동변속기의 장점으로 틀린 것은?

① 발진과 가속감이 원활하여 승차감이 좋다.
② 구조가 단순하고 가격이 저렴하다.
③ 유체가 댐퍼 역할을 하여 충격이나 진동이 적다.
④ 조작 미숙으로 인한 시동 꺼짐이 없다.

해설 자동변속기는 구조가 복잡하고 가격이 비싸다는 단점이 있다.

실전문제 33

타이어의 주요 기능으로 틀린 것은?

① 자동차의 하중을 지탱하는 기능을 한다.
② 엔진의 구동력 및 브레이크의 제동력을 차체에 전달하는 기능을 한다.
③ 노면으로부터 전달되는 충격을 완화시키는 기능을 한다.
④ 자동차의 진행방향을 전환 또는 유지시키는 기능을 한다.

> **해설** 타이어는 엔진의 구동력 및 브레이크의 제동력을 노면에 전달하는 기능을 한다.

실전문제 34

현가장치 중 자동차가 선회할 때 원심력으로 인해 차체가 기울어지는 것을 감소시켜 차체의 롤링(좌우진동)을 방지하는 장치는?

① 공기 스프링
② 쇽업소버
③ 스태빌라이저
④ 코일 스프링

> **해설** 스태빌라이저는 좌우 바퀴가 서로 다르게 상·하 운동을 할 때 작용하여 차체의 기울기를 감소시켜 주는 장치이다. 차체의 롤링을 방지한다.

실전문제 35

조향 핸들이 한쪽으로 쏠리는 원인으로 틀린 것은?

① 조향기어의 톱니바퀴가 마모되었다.
② 앞바퀴의 정렬 상태가 불량하다.
③ 쇽업소버의 작동 상태가 불량하다.
④ 허브 베어링의 마멸이 과다하다.

> **해설** 조향기어의 톱니바퀴가 마모된 것은 조향 핸들이 무거운 원인 중 하나이다.

실전문제 36

휠 얼라인먼트가 필요한 시기로 틀린 것은?

① 핸들의 중심이 어긋난 경우
② 핸들이나 자동차의 떨림이 발생한 경우
③ 타이어를 교환한 경우
④ 제동 시 자동차가 밀리는 경우

> **해설** 제동 시 자동차가 밀리는 경우는 디스크로더의 불규칙, 라이닝 마모, 베이퍼 록 현상 등으로 인해 발생한다. 휠 얼라인먼트와는 관계가 없는 경우이다.

실전문제 37

ABS(Anti-lock Brake System)에 대한 설명으로 틀린 것은?

① 바퀴의 미끄러짐이 없는 제동 효과를 얻을 수 있다.
② 자동차의 방향 안정성, 조종성능을 확보해 준다.
③ 앞바퀴의 고착에 의한 조향 능력 상실이 발생할 수 있다.
④ 노면이 비에 젖더라도 우수한 제동효과를 얻을 수 있다.

> **해설** ABS는 앞바퀴의 고착에 의한 조향 능력 상실을 방지해 준다.

실전문제 38

공기식 브레이크의 구성 중 공기탱크 내의 압력이 규정 값이 되었을 때 밸브를 닫아 탱크 내의 공기가 새지 않도록 하는 것은?

① 체크 밸브
② 퀵 릴리스 밸브
③ 브레이크 밸브
④ 릴레이 밸브

해설 체크 밸브는 유체의 역류를 방지하고 한쪽 방향으로만 흐르게 하는 밸브로서 공기탱크 내의 공기가 새거나 역류하는 것을 막는다.

실전문제 39

구조변경 차량에 대한 안전도를 점검하기 위해 실시하는 검사는?

① 임시검사
② 외관검사
③ 정기검사
④ 튜닝검사

해설 구조변경(튜닝)의 승인을 받은 날부터 45일 이내에 안전기준 적합 여부 및 승인받은 내용대로 변경하였는지 그 안전도를 점검하기 위하여 튜닝검사를 실시한다.

실전문제 40

책임보험이나 책임공제에 미가입한 날이 20일이 된 사업용 자동차 1대에 부과되는 과태료 금액은?

① 3만 원
② 7만 원
③ 8만 원
④ 11만 원

해설 과태료 총액은 3만 원+(8천 원×10일)=11만 원이다.

실전문제 41

버스 운전자로서의 기본자세 중 승용차와 차별되는 버스 운전 특성으로 옳지 않은 것은?

① 승객의 안전을 위해 서비스 만족도를 높여야 한다.
② 25만km 이상의 주행경험을 필요로 한다.
③ 주의의 부담이 매우 크고 다양한 사고요인이 존재한다.
④ 평생 안전운전을 배워나가는 자세를 유지하여야 한다.

해설 버스 운전자는 10만km 이상의 주행경험을 필요로 한다.

실전문제 42

도로교통법상 운전면허를 취득할 때에 필요한 시력기준으로 옳은 것은?

① 제1종 운전면허 : 두 눈을 동시에 뜨고 잰 시력이 0.5 이상
② 제1종 운전면허 : 두 눈의 시력이 각각 0.8 이상
③ 제2종 운전면허 : 두 눈을 동시에 뜨고 잰 시력이 0.8 이상
④ 제2종 운전면허 : 한쪽 눈을 보지 못하는 사람은 다른 쪽 눈의 시력이 0.6 이상

해설 제1종 운전면허를 취득하기 위해서는 두 눈을 동시에 뜨고 잰 시력이 0.8 이상이고, 각각의 시력이 0.5 이상이어야 한다. 제2종 운전면허를 취득하기 위해서는 두 눈을 동시에 뜨고 잰 시력이 0.5 이상이어야 하며 한쪽 눈을 보지 못하는 사람은 다른 쪽 눈의 시력이 0.6 이상이어야 한다.

실전문제 43

운전하는 동안 운전자가 눈을 통해 얻은 운전 관련 정보의 비율은 어느 정도나 되는가?

① 90%
② 70%
③ 60%
④ 40%

해설 운전하는 동안 운전자가 내리는 결정의 90%는 눈을 통해 얻은 정보에 기초한다.

실전문제 44

길어깨의 장점으로 옳지 않은 것은?

① 긴급 상황 시 긴급자동차의 주행을 원활하게 한다.
② 차도 이탈은 예방할 수 없으나 차도 끝의 처짐을 방지한다.
③ 보도가 없는 도로에서는 보행의 편의를 제공한다.
④ 물의 흐름으로 인한 노면 패임을 방지한다.

해설 길어깨는 차도 끝의 처짐이나 이탈을 방지한다.

실전문제 45

어린이보호구역이 있는 시가지 이면도로에서의 방어운전 방법으로 가장 적절하지 않은 것은?

① 자동차나 어린이가 갑자기 출현할 수 있다는 생각을 가지고 운전한다.
② 언제라도 곧 정지할 수 있는 마음의 준비를 갖춘다.
③ 위험한 대상물이 있는지 계속 주의한다.
④ 시속 40km 정도의 속도로 주행한다.

해설 어린이보호구역의 제한 속도는 시속 30km이다.

실전문제 46

차량이 구조물과 직접 충돌하는 것을 방지하여 탑승자의 상해를 최소한으로 줄이고 자동차를 정상 진행 방향으로 복귀시키도록 설치된 시설은?

① 시선유도시설
② 충격흡수시설
③ 방호울타리
④ 도로반사경

해설 방호울타리는 주행 중에 진행 방향을 잘못 잡은 차량이 도로 밖, 대향차로 또는 보도 등으로 이탈하는 것을 방지하거나 차량이 구조물과 직접 충돌하는 것을 방지하여 탑승자의 상해 및 자동차의 파손을 최소한도로 줄이고 자동차를 정상 진행 방향으로 복귀시키도록 설치된 시설을 말한다.

실전문제 47

운전자가 자동차를 정지시켜야 할 상황임을 인지하고 브레이크 페달로 발을 옮겨 브레이크가 작동을 시작하기 전까지 이동한 거리를 무엇이라 하는가?

① 공주거리
② 정지거리
③ 제동거리
④ 사전거리

해설 위험을 발견하고 오른발을 가속페달에서 떼고 브레이크 페달로 옮긴 후 브레이크를 밟아 실제 제동력이 발휘되기 전까지의 이동거리를 공주거리라고 한다.

정답   43 ①   44 ②   45 ④   46 ③   47 ①

실전문제 48

고속도로에서의 방어운전 방법으로 옳지 않은 것은?

① 진입을 위한 가속차로 끝부분에서 감속하지 않도록 주의한다.

② 진입부에서 본선 진입의도를 다른 차량에게 비상점멸표시등으로 알린다.

③ 고속도로는 다른 도로보다 속도 면에서 빠르고 진출입로가 제한되어 있어 주의해야 할 상황이 많다.

④ 진출부 진입 전에 본선 차량에게 영향을 주지 않도록 주의한다.

해설 본선 진입의도를 다른 차량에게 방향지시등으로 알린다.

실전문제 49

원심력과 안전운전의 관계에 대한 설명으로 옳지 않은 것은?

① 커브에 진입하기 전에 속도를 줄여 원심력을 안전하게 극복한다.

② 원심력은 속도의 제곱에 반비례하여 변한다.

③ 커브가 예각을 이룰수록 원심력은 커지므로 회전할 때에는 속도를 줄여야 한다.

④ 타이어의 접지력은 노면의 모양과 상태에 의존한다.

해설 원심력은 속도의 제곱에 비례한다. 타이어의 접지력은 노면의 모양과 상태에 의존하기 때문에 노면이 젖어있으면 타이어의 접지력이 감소한다.

실전문제 50

운전 중 횡단하는 보행자와 만났을 때 주의사항으로 가장 거리가 먼 것은?

① 시야가 차단된 상황에서 나타나는 보행자를 특히 조심해야 한다.

② 회전할 때는 언제나 회전 방향의 도로를 건너는 보행자가 있을 수 있음을 유의한다.

③ 주거지역 내에서는 어린이가 있을 수 있음을 주의한다.

④ 차량 신호가 녹색일 경우 횡단보도를 신속하게 지나간다.

해설 차량 신호가 녹색이더라도 횡단보도가 완전히 비어 있는지를 확인한 후 횡단보도를 지나간다.

실전문제 51

현혹현상에 대해 바르게 설명한 것은?

① 보행자가 교차하는 차량의 불빛 중간에 있게되면 순간적으로 운전자가 전혀 보지 못하는 현상이다.

② 현혹현상과 전조등의 강도는 상관관계가 없다.

③ 마주오는 차량의 전조등 불빛에 순간적으로 장애물을 볼 수 없는 현상이다.

④ 야간에 대향차의 전조등 눈부심으로 인해 보행자를 잘 볼 수 없게 되는 현상이다.

해설 ①, ④는 증발현상에 대한 설명이며, 현혹현상은 주위의 명암, 전조등의 강도, 사람에 따라 현혹된 시력이 회복될 때까지 걸리는 시간이 지연될 수 있다.

실전문제 52

인간이 전방의 어떤 사물을 주시할 때, 그 사물을 분명하게 볼 수 있게 하는 눈의 영역은?

① 중심시   ② 주변시

③ 정지시력   ④ 동체시력

해설 중심시는 색을 쉽게 구별하고 사물을 뚜렷하게 볼 수 있게 한다.

정답 48 ② 49 ② 50 ④ 51 ③ 52 ①

실전문제 53

다른 차가 자신의 차를 앞지르기할 때의 방어운전에 대한 설명으로 부적절한 것은?

① 앞지르기를 시도하는 차가 안전하고 신속하게 앞지르기를 완료할 수 있도록 한다.

② 앞지르기 금지장소에서 후속차량이 앞지르기를 시도할 경우 안전을 위해 앞 차량과의 간격을 좁혀 운행한다.

③ 앞지르기 금지장소 등에서도 앞지르기를 시도하는 차가 있다는 사실을 염두에 두고 주행한다.

④ 앞지르기를 시도하는 차가 원활하게 주행차로로 진입할 수 있도록 속도를 줄여준다.

해설 앞지르기 금지장소에서 후속차량이 앞지르기를 시도할 때 앞 차량과의 간격을 좁히면 충돌위험이 커진다.

실전문제 54

다음 중 초보운전자가 인식하는 안전에 대한 설명과 거리가 먼 것은?

① 주관적 안전을 객관적 안전보다 높게 인식할 때 위험이 증가

② 주관적 안전을 객관적 안전보다 낮게 인식

③ 운전에 대한 자신감을 갖게 되면 주관적 안전을 객관적 안전보다 크게 자각

④ 주관적 안전과 객관적 안전을 균형적으로 인식

해설 초보운전자는 주관적 안전과 객관적 안전을 균형적으로 인식하지 못하기 때문에 다양한 상황이 발생하는 도로에서 위험성이 높다.

실전문제 55

주행차로를 벗어난 차량이 고정된 구조물 등과 직접 충돌하는 것을 방지하여 교통사고 피해를 낮추는 시설은?

① 방호울타리　　　　　　　　　　　　② 표지병
③ 충격흡수시설　　　　　　　　　　　④ 갈매기표지

해설 충격흡수시설은 자동차의 방향을 교정하여 본래의 주행 차도로 복귀시켜주는 기능을 한다.

실전문제 56

다음 중 교통사고의 차량요인에 해당하는 것은?

① 운전자의 운전습관과 내적 태도　　　② 도로의 선형, 노면, 차로수, 노폭
③ 부속품 또는 적하　　　　　　　　　④ 차량 교통량, 운행차 구성

해설 차량요인은 차량구조장치와 부속품 또는 적하로 구성된다.

실전문제 57

운전자의 생리적 욕구만 해소하기 위한 시설로 최소한의 주차장, 화장실과 휴식공간으로 구성된 시설은?

① 간이휴게소　　　　　　　　　　　　② 화물차 전용휴게소
③ 일반휴게소　　　　　　　　　　　　④ 쉼터휴게소

해설 **규모에 따른 휴게시설**
• 일반휴게소 : 사람과 자동차가 필요로 하는 서비스를 제공할 수 있는 시설
• 간이휴게소 : 짧은 시간 내에 차의 점검 및 운전자의 피로회복을 위한 시설
• 화물차 전용휴게소 : 화물차 운전자를 위한 전용 휴게소
• 쉼터휴게소(소규모 휴게소) : 운전자의 생리적 욕구만 해소하기 위한 시설

정답　　53 ②　54 ④　55 ③　56 ③　57 ④

실전문제 58

시가지 교차로에서의 방어운전 요령으로 옳지 않은 것은?

① 교차로에 접근하면 먼저 왼쪽과 오른쪽을 살펴보면서 교차방향 차량을 관찰한다. 그 다음에는 다시 왼쪽을 살핀다.

② 교차로에 접근하면 먼저 오른쪽과 왼쪽을 살펴보면서 교차방향 차량을 관찰한다. 그 다음에는 다시 오른쪽을 살핀다.

③ 교차로에 접근할 경우 앞차의 주행상황을 맹목적으로 따라가서는 안 된다.

④ 좌 · 우회전할 때에는 방향지시등을 정확히 점등한다.

해설 교차로에 접근하면 우선 왼쪽에서 오는 차량을 살핀 후 오른쪽을 살펴 교차방향 차량을 관찰하고, 다시 왼쪽을 살핀다.

실전문제 59

급한 곡선 도로에서 운전자의 시선을 명확히 유도하기 위해 운전자의 원활한 차량주행을 유도하는 시설물은 다음 중 어느 것인가?

①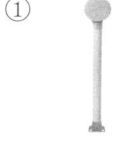

②

③

④

해설 갈매기표지에 대한 설명이다. ①은 시선유도표지, ③은 시선유도봉, ④는 표지병이다.

실전문제 60

버스 교통사고의 유형 중 가장 많은 유형인 회전, 급정거 등으로 인한 차내 승객 사고의 발생 원인은?

① 빗길 및 눈길 제동 방법에 대한 숙지의 미숙   ② 진입 간격 유지의 실패

③ 정차차량 등으로 인한 시야 장애   ④ 차간거리 유지 실패

해설 회전, 급정거 등으로 인한 차내 승객 사고는 버스 교통사고 유형 중에서 가장 빈도가 높으며 발생 원인은 전방 멀리까지의 교통상황 관찰 및 주의의 결여 또는 차간거리 유지 실패가 있다.

실전문제 61

정서적 흥분 상태 또는 감정 상태에서의 운행이 운전자에게 미치는 영향과 가장 거리가 먼 것은?

① 졸음운전   ② 집중력의 저하

③ 정보 처리 능력의 저하   ④ 부주의

해설 졸음운전은 운전자의 피로한 상태와 관련이 있다.

실전문제 62

다음 중 비상주차대가 설치되는 장소로 옳지 않은 것은?

① 긴 터널   ② 갓길 폭이 5m인 터널 직전의 입구

③ 길어깨 폭이 2.5m 미만으로 설치되는 고속도로   ④ 갓길을 축소하여 건설되는 긴 교량

해설 비상주차대는 고속도로에서 길어깨(갓길) 폭이 2.5m 미만으로 설치되는 경우, 길어깨(갓길)를 축소하여 건설되는 긴 교량의 경우, 긴 터널의 경우 등에 설치한다.

정답   **58** ②   **59** ②   **60** ④   **61** ①   **62** ②

실전문제 63

다음 중 시야 고정이 많은 운전자의 특성이라 볼 수 없는 것은?

① 더러운 창이나 안개에 개의치 않는다.
② 정지선 등에서 정차 후 다시 출발할 때 좌우를 확인하지 않는다.
③ 위험에 대응하기 위해 경적이나 전조등을 지나치게 자주 사용한다.
④ 거울이 더럽거나 방향이 맞지 않아도 개의치 않는다.

해설　시야 고정이 많은 운전자는 위험에 대한 인지력이 부족하기 때문에 경적이나 전조등을 활용하는 빈도가 낮다.

실전문제 64

버스승객의 승·하차를 위하여 본선의 오른쪽 차로를 그대로 이용하는 공간은?

① 버스정류소　　　　　　　　　　② 간이버스정류장
③ 버스정류장　　　　　　　　　　④ 간이휴게소

해설　버스정류소는 승객의 승·하차를 위해 전용으로 이용하는 시설물로 이용자의 편의성을 위해 버스가 무리 없이 진출입할 수 있는 오른쪽 차로를 이용한다.

실전문제 65

다음 중 운전자의 시야 확보가 적을 때 나타나는 징후로 가장 먼 것은?

① 눈을 계속해서 움직이는 경우　　　② 앞차에 바짝 붙어 가는 경우
③ 상황에 대한 반응이 늦는 경우　　　④ 빈번하게 놀라는 경우

해설　눈을 계속해서 움직이는 행동은 안전운전의 5가지 기본 기술 중 하나이다.

실전문제 66

운송서비스의 일반적인 특징으로 틀린 것은?

① 서비스는 형태가 없는 무형의 상품이다.　　② 서비스는 인적의존성이 낮다.
③ 서비스는 제공 직후 사라져 남지 않는다.　　④ 서비스는 제공과 동시에 소비된다.

해설　운송서비스는 운전자에 의해 생산되기 때문에 인적의존성이 높다.

실전문제 67

일반적인 승객의 욕구로 틀린 것은?

① 승객은 기억되고 싶어 한다.　　　　② 승객은 관심을 받고 싶어 한다.
③ 승객은 평범한 사람으로 인식되고 싶어 한다.　　④ 승객은 편안해지고 싶어 한다.

해설　승객은 중요한 사람으로 인식되고 싶어 한다.

실전문제 68

잘못된 직업관으로서 능력으로 인정받기보다는 학연과 지연의 의지하는 것을 무엇이라고 하는가?

① 차별적 직업관　　　　　　　　　② 폐쇄적 직업관
③ 지위 지향적 직업관　　　　　　　④ 귀속적 직업관

해설　귀속적 직업관은 능력으로 인정받으려 하지 않고 학연과 지연에 의지하는 것이다.

정답　　63 ③　64 ①　65 ①　66 ②　67 ③　68 ④

실전문제 69

재난 발생 시 운전자의 조치사항으로 부적절한 것은?

① 즉각 회사 및 유관기관에 보고한다.

② 차량은 그 자리에 정차시키고 움직이지 않는다.

③ 필요한 경우 승객을 신속히 대피시켜 승객의 안전을 확보한다.

④ 승객의 안전조치를 최우선으로 한다.

해설 재난 발생 시 신속하게 차량을 안전지대로 이동시켜야 한다.

실전문제 70

교통카드의 집계시스템에 대한 설명으로 옳은 것은?

① 단말기와 정산시스템을 연결하는 기능을 한다.

② 금액이 소진된 교통카드에 금액을 재충전하는 기능을 한다.

③ 이용요금을 차감하고 잔액을 기록하는 기능을 한다.

④ 정산 처리된 거래기록을 데이터베이스화하는 기능을 한다.

해설 ②는 충전시스템, ③은 단말기, ④는 정산시스템에 대한 설명이다.

실전문제 71

다음 중 운전자가 지켜야 할 행동으로 틀린 것은?

① 보행자가 통행 중인 횡단보도로 차가 진입하지 않도록 정지선을 준수한다.

② 교차로 전방의 정체로 통과가 어려울 경우 교차로에 진입하지 않은 상태로 대기한다.

③ 신호등이 없는 횡단보도를 통행하고 있는 보행자를 발견할 경우 일시정지하여 보행자를 보호한다.

④ 앞 신호에 따라 진행하고 있는 차가 있으면 통과 시간을 예측하여 출발한다.

해설 앞 신호에 따라 진행하고 있는 차가 있으면 안전하게 통과하는 것을 확인하고 출발한다.

실전문제 72

운행 중 주의사항으로 옳은 것은?

① 다른 차량이 추월을 시도할 경우 진로를 방해하여 추월을 막는다.

② 후진 시 다른 차량의 진행에 방해되지 않도록 신속하게 한다.

③ 차량이 없는 도로에서는 신속한 승객 수송을 위해 속도를 높인다.

④ 내리막길에서는 풋 브레이크를 장시간 사용하지 않고 엔진 브레이크를 사용한다.

해설 ① 다른 차량이 추월을 시도할 경우 감속 등 양보 운전을 한다.
② 후진 시 유도요원을 배치하여 수신호에 따라 안전하게 후진한다.
③ 차량이 없는 도로라고 하더라도 과속운전을 해서는 안 된다.

실전문제 73

같은 계약에 따라 같은 목적지로 이동하는 2대 이상의 차량이 고속도로, 자동차전용도로 등에서 도로교통법에 따른 안전거리를 확보하지 않고 줄지어 운행하는 것은?

① 난폭운행

② 정렬운행

③ 대열운행

④ 일자운행

해설 대열운행은 운송사업자 준수사항에 의해 금지되어 있다.

실전문제 74

심장의 기능이 정지하거나 호흡이 멈추었을 때 인공호흡과 흉부압박을 지속적으로 실시하는 응급처치방법은?

① 심장마사지법　　　　　　　　　　　② 심폐소생술
③ 하임리히법　　　　　　　　　　　　④ 자동제세동법

해설　심폐소생술(CPR)은 인공호흡과 흉부압박을 지속적으로 실시하는 응급처치방법이다.

실전문제 75

교통카드의 분류 중 IC 방식에 해당하지 않는 것은?

① 마그네틱 스트립 방식　　　　　　　② 비접촉식(RF) 방식
③ 하이브리드 방식　　　　　　　　　④ 콤비 방식

해설　IC 방식은 내장되는 칩의 종류에 따라 접촉식, 비접촉식, 하이브리드식, 콤비식 등으로 구분된다.

실전문제 76

버스와 정류장에 무선 송수신기를 설치하여 버스의 위치를 실시간으로 파악하고, 이를 이용해 이용자에게 실시간으로 버스운행정보를 제공하는 것은?

① 버스운행관리시스템(BMS)　　　　　② 지능형 교통시스템(ITS)
③ 버스정보시스템(BIS)　　　　　　　④ 간선급행버스시스템(BRT)

해설　버스정보시스템(BIS)은 이용자에게 버스 운행상황 정보를 제공하여 버스 이용자에게 편의를 제공하고 버스 이용을 활성화하는 시스템이다.

실전문제 77

버스에서 발생하기 쉬운 사고유형과 그 대책에 대한 설명으로 틀린 것은?

① 버스사고의 1/3 정도는 사람과 관련되어 발생한다.
② 버스사고는 주행 중인 도로상에서 가장 많이 발생한다.
③ 일반 차량에 비해 운행 거리 및 시간이 길어 사고 발생 확률이 높다.
④ 대형 차량으로서 교통사고 발생 시 인명피해가 크다.

해설　버스사고의 절반가량이 사람과 관련하여 발생하고 있으며, 전체 버스사고 중 1/3 정도는 차내 전도사고이다.

실전문제 78

중앙버스전용차로에 대한 설명으로 틀린 것은?

① 이용객의 정류소 접근시간이 늘어나고, 보행자사고의 위험성이 증가할 수 있다.
② 차로분리시설과 안내시설 등의 설치가 필요하고 시행비용도 많이 든다.
③ 승용차 등 다른 차량들이 버스의 정차로 인한 불편을 피할 수 있다.
④ 만성적인 교통 혼잡이 발생하는 구간에 설치하면 효과가 크다.

해설　차로분리시설과 안내시설 등의 설치가 필요한 것은 역류버스전용차로에 대한 설명이다.

정답　　74 ②　75 ①　76 ③　77 ①　78 ②

실전문제 79

심폐소생술을 실시할 때 가슴압박의 속도는 분당 몇 회를 유지하여야 하는가?

① 40~60회

② 70~90회

③ 100~120회

④ 120~140회

해설   심폐소생술을 실시할 때 가슴압박의 속도는 분당 100~120회를 유지하여야 하며, 가슴압박의 깊이는 성인 기준 약 5cm가 되어야 한다.

실전문제 80

버스정보시스템 및 버스운행관리시스템의 이용주체별 기대효과 중 정부 및 지자체의 기대효과로 옳은 것은?

① 운행정보 인지로 정시 운행

② 불규칙 배차, 결행 및 무정차 통과 등에 의한 불편 해소

③ 정확한 배차관리, 운행간격 유지 등으로 경영합리화 가능

④ 자가용 이용자의 대중교통 흡수 활성화

해설   ①은 운수종사자, ②는 이용자, ③은 버스회사의 기대효과이다.

04 실전모의고사 4회

실전문제 01

노선에 대한 정의로 옳은 것은?

① 자동차를 정기적으로 주차하려는 시점이나 종점
② 자동차를 일시적으로 주차하려는 시점이나 종점
③ 자동차를 정기적으로 운행하거나 운행하려는 구간
④ 자동차를 일시적으로 운행하거나 운행하려는 구간

해설 노선이란 자동차를 정기적으로 운행하거나 운행하려는 구간을 말한다(여객자동차 운수사업법 시행령 제2조 제1호).

실전문제 02

고속도로에서 차로의 의미가 잘못된 것은?

① 주행차로 : 고속도로에서 주행할 때 통행하는 차로
② 가속차로 : 주행차로에 진입하기 위해 속도를 높이는 차로
③ 감속차로 : 주행차로를 벗어나 고속도로에서 빠져나가기 위해 감속하기 위한 차로
④ 오르막차로 : 오르막 구간에서 앞차를 추월하기 위해 통행하는 차로

해설 오르막차로는 오르막 구간에서 저속 자동차와 다른 자동차를 분리하여 통행시키기 위한 차로이다.

실전문제 03

어린이 통학버스의 색상은?

① 백색
② 황색
③ 청색
④ 녹색

해설 어린이운송용 승합자동차의 색상은 황색이다.

실전문제 04

도로교통법상 긴급자동차 특례 적용대상이 아닌 것은?

① 자동차 등 속도제한
② 앞지르기 금지
③ 끼어들기 금지
④ 보행자 보호

해설 **긴급자동차에 대한 특례**
• 자동차의 속도제한. 다만, 긴급자동차에 대하여 속도를 제한한 경우에는 속도제한 규정을 적용한다.
• 앞지르기 금지
• 끼어들기 금지

실전문제 05

다음 중 노선(路線) 여객자동차운송사업업에 해당하지 않는 것은?

① 전세버스운송사업
② 시내버스운송사업
③ 농어촌버스운송사업
④ 시외버스운송사업

해설 **노선 여객자동차운송사업**
• 시내버스운송사업
• 농어촌버스운송사업
• 마을버스운송사업
• 시외버스운송사업

실전문제 06

여객자동차 운수사업법상 다음 내용을 2회 위반했을 경우 받게 될 행정처분은?

> 운수종사자의 자격요건을 갖추지 않은 사람을 운전업무에 종사하게 한 경우

① 운행정지 3일
② 운행정지 5일
③ 감차 명령
④ 노선폐지 명령

해설 운수종사자의 자격요건을 갖추지 않은 사람을 운전업무에 종사하게 한 경우 1차 위반 시에는 감차 명령, 2차 위반 시에는 노선폐지 명령을 받게 된다.

실전문제 07

다음 중 서행의 의미는?

① 자동차가 완전히 멈추는 상태
② 반드시 차가 멈추어야 하되, 일정 시간 동안 정지 상태를 유지하는 것
③ 반드시 차가 일시적으로 그 바퀴를 완전히 멈추어야 하는 행위 자체
④ 운전자가 차를 즉시 정지시킬 수 있는 정도의 느린 속도로 진행하는 것

해설 서행이란 운전자가 차를 즉시 정지시킬 수 있는 정도의 느린 속도로 진행하는 것을 말한다(도로교통법 제2조 제28호).

실전문제 08

진로변경 또는 급차로변경 사고의 성립요건이 아닌 것은?

① 도로에서 발생한 경우
② 옆 차로에서 진행 중인 차량이 갑자기 차로를 변경하여 불가항력적으로 충돌한 경우
③ 장시간 주차 후 막연히 출발하여 좌측면에서 차로 변경 중인 차량과 후면으로 충돌한 경우
④ 사고 차량이 차로를 변경하면서 변경방향 차로 후방에서 진행하는 차량의 진로를 방해한 경우

해설 ③의 경우 진로변경 또는 급차로변경 사고 성립요건의 예외에 해당한다.

실전문제 09

최고속도가 70km/h인 도로에서 노면이 젖을 정도의 비가 내린 경우 자동차가 운행해야 하는 속도는?

① 42km/h
② 56km/h
③ 64km/h
④ 70km/h

해설 비가 내려 노면이 젖어있는 경우 자동차는 최고속도의 100분의 20을 줄인 속도로 운행해야 한다. 따라서 70km/h×(20÷100)=14km/h이므로 70km/h의 14km/h를 줄인 56km/h로 운행해야 한다.

실전문제 10

다음 중 서행해야 하는 곳이 아닌 곳은?

① 가파른 비탈길의 오르막
② 도로가 구부러진 부근
③ 비탈길의 고갯마루 부근
④ 교통정리를 하고 있지 아니하는 교차로

해설 가파른 비탈길의 내리막에서 서행해야 한다.

정답 **06** ④ **07** ④ **08** ③ **09** ② **10** ①

실전문제 11

교통사고조사규칙 제2조에 의거한 대형사고의 기준은?

① 4명 이상이 사망하거나 40명 이상의 사상자가 발생한 사고

② 3명 이상이 사망하거나 20명 이상의 사상자가 발생한 사고

③ 2명 이상이 사망하거나 10명 이상의 사상자가 발생한 사고

④ 1명 이상이 사망하거나 5명 이상의 사상자가 발생한 사고

해설 대형사고란 3명 이상이 사망(교통사고 발생일부터 30일 이내에 사망한 것을 말함)하거나 20명 이상의 사상자가 발생한 사고를 말한다(교통사고조사규칙 제2조 제1항 제3호).

실전문제 12

승합자동차의 40km/h 초과 60km/h 이하 속도위반에 따른 벌점은?

① 40점

② 30점

③ 20점

④ 10점

해설 승합자동차의 40km/h 초과 60km/h 이하 속도위반 시에는 범칙금 10만 원, 벌점 30점이 부과된다.

실전문제 13

다음 중 모든 차의 운전자가 앞지르지 못하고, 앞으로 끼어들지 못하는 경우를 고르면?

> ㄱ. 좌우를 살피며 서행하고 있는 이륜자동차
> ㄴ. 경찰공무원의 지시에 따라 정지하거나 서행하고 있는 차
> ㄷ. 위험을 방지하기 위하여 정지하거나 서행하고 있는 차
> ㄹ. 도로교통법에 따른 명령에 따라 정지하거나 서행하고 있는 차

① ㄱ, ㄴ

② ㄷ, ㄹ

③ ㄱ, ㄴ, ㄹ

④ ㄴ, ㄷ, ㄹ

해설 ㄱ. 앞지르기 금지 조건에 해당하지 않는다.

실전문제 14

다음 중 중앙선 침범사고로 볼 수 있는 것은?

> ㄱ. 빗길에서 과속으로 인한 침범의 경우   ㄴ. 사고를 피하기 위해 급제동하다가 침범한 경우
> ㄷ. 졸다가 뒤늦은 제동으로 침범한 경우   ㄹ. 차내 휴대폰 통화 등의 부주의로 침범한 경우

① ㄱ, ㄷ

② ㄴ, ㄹ

③ ㄱ, ㄷ, ㄹ

④ ㄴ, ㄷ, ㄹ

해설 ㄴ. 중앙선 침범을 적용할 수 없는 경우에 해당한다.

실전문제 15

여객자동차운송사업자는 새로 채용한 운수종사자에 대하여 운전업무를 시작하기 전에 교육을 몇 시간 이상 받게 하여야 하는가?

① 24시간
② 16시간
③ 12시간
④ 8시간

해설 여객자동차운송사업자는 새로 채용한 운수종사자에게 신규교육을 16시간 이상 실시해야 한다.

실전문제 16

다음에 들어갈 말은?

> 운전면허 정지처분을 받은 사람이 특별교통안전 의무교육을 마친 후 특별교통안전 권장교육 중 현장참여교육을 마치고 경찰서장에게 교육필증을 제출한 경우 제출한 날부터 정지처분기간에서 (   )을 추가로 감경한다.

① 7일
② 15일
③ 30일
④ 60일

해설 특별교통안전 의무교육과 현장참여교육을 마치고 교육필증을 제출하면 30일을 추가 감경받을 수 있다.

실전문제 17

신호등 없는 교차로에서 진입 전 일시정지 또는 서행하지 않은 경우 발생할 수 있는 상황이 아닌 것은?

① 상대 차량의 측면을 정면으로 충돌한 경우
② 충돌 직전 노면에 요 마크가 형성되어 있는 경우
③ 충돌 직전 노면에 제동 타이어 흔적이 없는 경우
④ 가해 차량의 진행방향으로 상대 차량을 밀고 가거나 전도(전복)시킨 경우

해설 충돌 직전 노면에 제동 타이어 흔적(스키드마크)이 없는 경우는 일시정지 또는 서행 여부를 설명할 수 없다. 제동 타이어 흔적이 있는 경우에는 급제동이 있었다는 것이며, 이는 과속했다는 것을 의미한다.

실전문제 18

보행자의 도로횡단에 대한 설명으로 옳지 않은 것은?

① 경찰공무원의 지시에 따라 도로를 횡단할 수 있다.
② 보행자는 모든 차의 바로 앞이나 뒤로 횡단하여서는 아니 된다.
③ 지하도나 육교 등의 도로 횡단시설을 이용할 수 없는 지체장애인의 경우에도 반드시 도로 횡단시설을 이용하여 횡단하여야 한다.
④ 보행자는 안전표지 등에 의하여 횡단이 금지되어 있는 도로의 부분에서는 횡단하여서는 아니 된다.

해설 지하도나 육교 등의 도로 횡단시설을 이용할 수 없는 지체장애인의 경우에는 다른 교통에 방해가 되지 아니하는 방법으로 도로 횡단시설을 이용하지 아니하고 도로를 횡단할 수 있다(도로교통법 제10조 제2항).

실전문제 19

운전자 과실 추돌사고에서 앞차의 급정지 원인이 다른 하나는?

① 전방의 돌발 상황(무단횡단 등)을 보고 급정지
② 자동차전용도로에서 전방사고를 구경하기 위해 급정지
③ 주·정차 장소가 아닌 곳에서 급정지
④ 우측 도로변 승객을 태우기 위해 급정지

해설 급정지 원인 중 앞차의 정당한 급정지에 해당한다. ②~④는 앞차의 과실 있는 급정지에 해당한다.

정답 15 ② 16 ③ 17 ③ 18 ③ 19 ①

실전문제 **20**

다음에서 설명하는 것은?

운전자가 브레이크 페달에 발을 올려 브레이크가 작동을 시작하는 순간부터 자동차가 완전히 정지할 때까지 이동한 거리

① 제동거리 ② 공주거리
③ 정지거리 ④ 안전거리

 해설 ② 공주거리 : 운전자가 브레이크를 밟았을 때 자동차가 제동되기 전까지 주행한 거리
③ 정지거리 : 공주거리와 제동거리를 합한 거리
④ 안전거리 : 앞차가 갑자기 정지하게 되는 경우 그 앞차와의 추돌을 피할 수 있는 필요한 거리로 정지거리보다 약간 긴 정도의 거리

실전문제 **21**

다음 중 특정범죄 가중처벌 등에 관한 법률에 의거 사고 운전자가 가중처벌을 받는 경우가 아닌 것은?

① 위험운전 치사상의 경우
② 중앙선 침범사고로 인한 인명피해를 야기한 경우
③ 사고운전자가 피해자를 구호하는 등의 조치를 하지 아니하고 도주한 경우
④ 사고운전자가 피해자를 사고 장소로부터 옮겨 유기하고 도주한 경우

해설 중앙선 침범사고 운전자는 특정범죄 가중처벌 등에 관한 법률에 따른 가중처벌 대상이 아니다.

실전문제 **22**

주기능 표지들을 보충하여 도로사용자에게 알리는 표지는 무엇인가?

① 주의표지 ② 규제표지
③ 지시표지 ④ 보조표지

 해설 ① 주의표지 : 도로상태가 위험하거나 도로 또는 그 부근에 위험물이 있는 경우에 필요한 안전조치를 할 수 있도록 이를 도로사용자에게 알리는 표지
② 규제표지 : 도로교통의 안전을 위하여 각종 제한·금지 등의 규제를 하는 경우에 이를 도로사용자에게 알리는 표지
③ 지시표지 : 도로의 통행방법·통행구분 등 도로교통의 안전을 위하여 필요한 지시를 하는 경우에 도로사용자가 이에 따르도록 알리는 표지

실전문제 **23**

차마의 통행 방향을 명확하게 구분하기 위하여 도로에 황색실선 또는 황색점선 등의 안전표시로 표시한 선을 무엇이라 하는가?

① 연석선 ② 중앙선
③ 차선 ④ 중앙분리대

해설 ① 연석선 : 차도와 보도를 구분하는 돌 등으로 이어진 선
③ 차선 : 차로와 차로를 구분하기 위해 그 경계지점을 안전표지로 표시한 선
④ 중앙분리대 : 4차선 이상의 도로 중앙에 설치한 지대

실전문제 **24**

승합자동차 운전자의 범칙행위와 범칙금액이 잘못 연결된 것은?

① 교차로에서의 양보운전 위반 시 5만 원 ② 신호·지시 위반 시 5만 원
③ 운전 중 휴대용 전화 사용 시 7만 원 ④ 고속도로·자동차전용도로 안전거리 미확보 시 5만 원

해설 승합자동차 운전자가 신호·지시 위반 시에는 7만 원의 범칙금이 부과된다.

정답 **20** ① **21** ② **22** ④ **23** ② **24** ②

실전문제 25

다음 중 보도침범, 보도통행방법 위반사고에 해당되지 않는 것은?

① 보도 내에서 보행 중 사고

② 보도와 차도가 구분된 도로에서 보도 내 보행자를 충돌한 사고

③ 도로에서 보도를 횡단하여 건물로 진입하다가 보행자와 충돌한 경우

④ 피해자가 자전거 또는 원동기장치자전거를 타고 가던 중 자동차와 충돌한 사고

해설 피해자가 자전거 또는 원동기장치자전거를 타고 가던 중 자동차와 충돌한 사고는 재차로 간주되어 보도침범, 보도통행방법 위반사고에서 제외된다.

실전문제 26

일상점검 중 주의사항이 아닌 것은?

① 경사가 없는 평탄한 장소에서 점검한다.　　② 점검은 환기가 잘 되는 장소에서 실시한다.

③ 엔진을 점검할 때는 가동 중인 상태에서 점검한다.　　④ 연료장치나 배터리 부근에서는 불꽃을 멀리한다.

해설 엔진을 점검할 때는 가급적 엔진을 끄고, 식은 다음에 실시해야 한다.

실전문제 27

운행 후 점검사항 중 엔진점검에 해당하는 것은?

① 냉각수나 엔진오일의 이상소모는 없었는지 점검한다.

② 차체가 기울지는 않았는지 점검한다.

③ 차체에 굴곡이나 손상된 곳, 또는 부품이 없어진 곳은 없는지 점검한다.

④ 보닛(후드)의 고리가 빠지지는 않았는지 점검한다.

해설 ②~④는 운행 후 점검사항 중 외관점검에 해당한다.

실전문제 28

폭발성 물질을 차내에 방치할 경우 특히 위험한 계절은?

① 봄　　　　　　　　　　　　　② 여름

③ 가을　　　　　　　　　　　　④ 겨울

해설 여름철과 같이 차내 온도가 급상승하는 경우에는 인화성·폭발성 물질이 폭발할 수 있어 특히 위험하다.

실전문제 29

주차 시의 주의사항으로 틀린 것은?

① 주차 시에는 반드시 주차 브레이크를 작동시킨다.

② 내리막길에 주차할 때는 기어를 1단으로 놓고 주차한다.

③ 급경사 길에는 가급적 주차하지 않는다.

④ 습기가 많고 통풍이 잘 되지 않는 차고에는 주차하지 않는다.

해설 오르막길에 주차할 때는 기어를 1단, 내리막길에 주차할 때는 R(후진)로 놓고 주차한다

실전문제 30

터보차저의 주요 고장 원인이 아닌 것은?

① 이물질 유입

② 엔진오일 오염

③ 윤활유 공급 부족

④ 냉각기 고장

해설 터보차저의 주요 고장 원인은 오일 공급 라인의 오염이다. 그 외에 이물질의 유입, 윤활유의 공급 부족 등이 터보차저의 손상을 일으킬 수 있다.

실전문제 31

CNG를 연료로 사용하는 자동차의 계기판에 CNG 램프가 점등될 경우 조치사항으로 옳은 것은?

① 가스를 재충전한다.

② 가스 누설 여부를 확인한다.

③ 즉시 엔진의 시동을 끄고 대피한다.

④ 파이프나 호스를 조이거나 풀어본다.

해설 CNG를 연료로 사용하는 자동차의 계기판에 CNG 램프가 점등되면 가스 연료량의 부족으로 엔진의 출력이 낮아져 정상적인 운행이 불가능할 수 있다. 따라서 가스를 재충전해야 한다.

실전문제 32

험한 도로를 주행할 때의 자동차 조작 요령으로 틀린 것은?

① 요철이 심한 도로에서는 감속 주행하여 자체의 아래 부분이 충격을 받지 않도록 한다.

② 눈길이나 빙판길 등을 주행할 때는 속도를 낮추고 제동거리를 충분히 확보한다.

③ 제동할 때는 자동차가 멈출 때까지 브레이크 페달을 한 번에 꾹 눌러 밟아 준다.

④ 눈길, 진흙길, 모랫길인 경우에는 2단 기어를 사용하여 천천히 가속한다.

해설 제동할 때는 자동차가 멈출 때까지 브레이크 페달을 펌프질하듯이 가볍게 위아래로 밟아 준다.

실전문제 33

엔진 오버히트가 발생하는 원인으로 틀린 것은?

① 터보차저 작동이 불량한 경우

② 동절기 냉각수에 부동액이 들어 있지 않은 경우

③ 냉각수가 부족한 경우

④ 엔진 내부가 얼어 냉각수가 순환하지 않는 경우

해설 터보차저는 고속 회전운동을 하는 부품으로 엔진 오버히트의 발생 원인과는 무관하다.

실전문제 34

1단계 전조등 스위치 작동 시 점등되지 않는 등화는?

① 차폭등

② 미등

③ 계기판등

④ 전조등

해설 1단계 전조등 스위치 작동 시 차폭등, 미등, 번호판등, 계기판등이 점등된다. 전조등은 2단계 전조등 스위치 작동 시에 점등된다.

정답 30 ④ 31 ① 32 ③ 33 ① 34 ④

실전문제 35

자동차의 좌석에서 등받이 맨 위쪽의 머리를 받치는 부분은?

① 머리지지대
② 선바이저
③ 에어시트
④ 조향컬럼

해설 머리지지대(Head rest)는 자동차의 좌석에서 등받이 맨 위쪽의 머리를 지지하는 부분을 말한다. 충돌사고 발생 시 머리 및 목 부위를 보호하는 역할을 한다.

실전문제 36

주행 중 비틀림 혹은 흔들림이 일어나거나 커브길에서 휘청거리는 느낌이 들 경우 점검해 보아야 하는 부분은?

① 브레이크 부분
② 조향장치 부분
③ 현가장치 부분
④ 바퀴 부분

해설 바퀴 부분이 고장 난 경우 주행 중 비틀림 혹은 흔들림이 일어나거나 커브길에서 휘청거리는 느낌이 들 수 있다.

실전문제 37

스프링 중 버스나 화물에 주로 사용되는 스프링은?

① 판 스프링
② 코일 스프링
③ 토션 바 스프링
④ 압력 스프링

해설 판 스프링은 적당히 구부린 띠 모양의 스프링 강을 여러 장 겹쳐 중심에서 볼트로 조인 것으로서 버스나 화물차에 주로 사용된다.

실전문제 38

동력조향장치의 특징으로 틀린 것은?

① 노면에서 발생한 충격 및 진동을 흡수한다.
② 고장이 발생한 경우 정비가 쉽고 간편하다.
③ 기계식에 비해 구조가 복잡하고 값이 비싸다.
④ 조향조작이 신속하고 경쾌하다.

해설 동력조향장치는 고장이 발생한 경우 정비가 어렵다는 단점이 있다.

실전문제 39

다음 중 감속 브레이크에 해당하지 않는 것은?

① 제이크 브레이크
② 리타터 브레이크
③ 핸드 브레이크
④ 엔진 브레이크

해설 감속 브레이크는 풋 브레이크 및 주차 브레이크(핸드 브레이크) 외에 사용하는 비상 브레이크 장치로서 제3의 브레이크라고도 한다.

실전문제 40

자동차관리법에 따른 자동차 신규검사 시 제출해야 하는 서류가 아닌 것은?

① 신규검사신청서
② 출처증명서
③ 자동차등록증
④ 차량제원표

해설 자동차등록증은 자동차 신규등록이 완료되었을 때 발급되는 서류이다.

정답   35 ① 36 ④ 37 ① 38 ② 39 ③ 40 ③

실전문제 41

안전운전을 위해서 운전 중에 지켜야 하는 5가지 기본 기술이 아닌 것은?

① 전방에 집중하여 특정한 부분을 보며 운전한다.　② 운전 중에 전방을 멀리 본다.
③ 눈을 계속해서 움직인다.　④ 차가 빠져나갈 공간을 확보한다.

해설　교통상황을 폭넓게 전반적으로 확인하며 전체적으로 파악하여야 한다.

실전문제 42

자신이 도로의 장애물 등을 확인하는 능력과 다른 운전자나 보행자가 자신을 볼 수 있게 하는 능력은?

① 방어운전　② 감각능력
③ 판단능력　④ 시인성

해설
① 방어운전 : 자신과 다른 사람을 위험한 상황으로부터 보호하는 운전이다.
② 감각능력 : 피로하게 되면 운전자는 빛에 민감하고, 작은 소음에도 과민반응을 보이게 된다.
③ 판단능력 : 시각, 청각 등에서 수집한 정보들을 매순간 종합 · 판단하여 정확한 결정을 내릴 수 있어야 한다.

실전문제 43

운행 중 어린이나 유아가 타고 내리는 중이거나 탑승 중임을 나타내는 어린이통학버스를 마주했을 때 적절하지 않은 운전방법은?

① 어린이통학버스가 정차한 차로와 같은 차로를 통행하는 차의 운전자는 일시정지하여 안전을 확인 후 서행한다.
② 어린이가 탑승 중인 표시를 한 상태의 어린이통학버스를 앞지르기할 때에는 반드시 서행해서 앞지르기를 하여야 한다.
③ 중앙선이 설치되지 아니한 도로에서 진행하는 차의 운전자는 어린이통학버스에 이르기 전 일시 정지하여 안전을 확인한 후 서행한다.
④ 옆차로를 통행하는 경우 어린이통학버스에 이르기 전 일시정지하여 확인 후 서행하여 통과하여야 한다.

해설　어린이통학버스가 어린이나 영유아를 태우고 있다는 표시를 한 상태로 도로를 통행하는 때에 모든 차의 운전자는 어린이통학버스를 앞지르지 못한다.

실전문제 44

밝은 곳에서 어두운 곳으로 들어가면 처음에는 보이지 않던 것이 시간이 지남에 따라 차차 보이는 현상을 말하는 것은?

① 증발현상　② 명순응
③ 현혹현상　④ 암순응

해설
① 증발현상 : 보행자가 교차하는 차량의 불빛 중간에 있게 되면 운전자가 순간적으로 보행자를 전혀 보지 못하는 현상
② 명순응 : 어두운 곳에서 밝은 곳으로 나오면 처음에 눈이 부시다가 곧 적응하는 것
③ 현혹현상 : 마주 오는 차량의 전조등 불빛에 노출되어 순간적으로 앞을 보지 못하는 현상

실전문제 45

차량의 핸들을 돌렸을 때 앞바퀴의 안쪽과 뒷바퀴의 안쪽 궤적 간의 차이는?

① 내륜차　② 축거
③ 회전각　④ 외륜차

해설　자동차가 회전할 때 네 바퀴는 각각 뒤차축의 연장선의 안쪽 어딘가의 한 점이 중심점이 되어 원을 그리게 되는데, 이때 바퀴가 모두 제각기 서로 다른 원을 그리면서 통과하게 된다. 그중 앞바퀴의 안쪽과 뒷바퀴의 안쪽 궤적 간의 차이를 내륜차라 한다.

실전문제 46

다음 중 교차로 황색신호에서의 방어운전으로 옳지 않은 것은?

① 황색신호일 때 모든 차는 정지선 바로 앞에 정지하여야 한다.

② 교차로 안으로 진입한 후에 황색신호로 변경된 경우 뒷차를 위해 천천히 멈춘다.

③ 황색신호일 때에는 멈출 수 있도록 감속하여 접근한다.

④ 교차로 부근에서는 무단 횡단하는 보행자 등 돌발 상황에 대비한다.

해설 이미 교차로 안으로 진입하여 있을 때 황색신호로 변경된 경우에는 신속히 교차로 밖으로 빠져 나간다.

실전문제 47

회전교차로 진입 방법으로 옳지 않은 것은?

① 회전차로 내부에서 주행 중인 자동차를 방해할 우려가 있을 때에는 진입하지 않는다.

② 회전차로 내에 여유 공간이 있을 때까지 양보선에서 대기한다.

③ 회전교차로에 진입할 때에는 충분히 속도를 높인 후 진입한다.

④ 회전교차로에 진입하는 자동차는 회전 중인 자동차에게 양보한다.

해설 회전교차로에 진입할 때에는 충분히 속도를 줄인 후 진입하여야 하며, 회전 차량에게 통행우선권이 있다.

실전문제 48

다음 중 충격흡수시설에 대한 설명으로 틀린 것은?

① 본래 주행차로로의 복귀

② 도로상 구조물과 충돌하기 전 자동차 충격에너지 흡수

③ 사람과의 직접적 충돌로 인한 사고피해 감소

④ 충돌 예상 장소에 설치

해설 충격흡수시설은 주행차로를 벗어난 차량이 고정된 구조물 등과 직접 충돌하는 것을 방지하여 교통사고 피해를 낮추는 시설이다.

실전문제 49

다음 중 차로의 종류에 대한 설명으로 옳지 않은 것은?

① 회전차로 : 자동차가 우회전, 좌회전 또는 유턴을 할 수 있도록 직진하는 차로와 분리하여 설치하는 차로

② 양보차로 : 신호기에 의하여 운전자의 편의를 위해 차로의 진행방향을 지시하는 차로

③ 변속차로 : 자동차의 가속 및 감속을 위해 설치하는 차로

④ 앞지르기차로 : 저속 자동차로 인한 뒤차의 속도 감소를 방지하고 원활한 소통을 위해 도로 중앙 측에 설치하는 차로

해설 양보차로란 양방향 2차로 앞지르기 금지구간에서 자동차의 원활한 소통을 도모하고, 도로 안전성을 제고하기 위해 길어깨 쪽으로 설치하는 저속 자동차의 주행차로를 말한다.

실전문제 50

규모에 따른 휴게시설의 종류로 볼 수 없는 것은?

① 일반휴게소

② 화물차휴게소

③ 간이휴게소

④ 고속도로휴게소

해설 휴게시설은 규모에 따라 일반휴게소, 화물차휴게소, 간이휴게소, 졸음쉼터로 구분한다.

실전문제 51

다음 중 환경요인에 의한 연쇄과정에 속하는 것은?

① 도로의 마찰계수 저하
② 불안한 상태로 운전
③ 브레이크 제동력 감소
④ 과속운전

해설 도로의 마찰계수 저하, 도로 유실로 인한 도로 상태 악화 등은 환경요인에 해당한다.

실전문제 52

고속도로에서의 방어운전 방법으로 옳지 않은 것은?

① 교량처럼 차로가 줄어드는 곳에서는 속도를 줄이고 주의하여 진입한다.
② 고속으로 주행하기 때문에 차로 변경 시 신호하지 않아도 된다.
③ 차로를 변경할 때에는 핸들을 점진적으로 돌린다.
④ 여러 차로를 가로지를 경우 한 번에 한 차로씩 옮긴다.

해설 고속으로 주행하는 상황에서는 빠른 대처가 어려우므로 미리 자신의 의도를 주변 차량들이 인지할 수 있도록 변경 시 반드시 신호하여야 한다.

실전문제 53

아내와 싸우다 출근에 늦어 초조하게 운행하다가 과속하여 앞차와 추돌사고가 발생하였을 경우 교통사고의 주요요인은?

① 환경요인
② 차량요인
③ 도로요인
④ 인적요인

해설 운전자의 심리, 위험의 인지와 회피에 대한 판단, 심리적 조건 등에 관한 것은 인적요인에 해당한다.

실전문제 54

원심력에 대한 설명으로 옳은 것은?

① 길모퉁이를 빠른 속도로 진입하면 원심력보다 타이어의 접지력이 더 크게 작용하여 사고 발생 위험이 증가한다.
② 커브길에서는 원심력이 최소로 작용하므로 진행 속도 그대로 통과한다.
③ 원심력은 속도의 제곱에 비례해서 커진다.
④ 속도가 빠를수록, 커브 반경이 클수록 원심력은 커진다.

해설 ① 차가 길모퉁이를 빠른 속도로 진입하면 노면을 잡고 있으려는 타이어의 접지력보다 원심력이 더 크게 작용하여 사고 발생 위험이 증가한다.
② 커브길에서는 원심력이 작용하므로 안전하게 회전하려면 속도를 줄여야 한다.
④ 원심력은 속도가 빠를수록, 커브 반경이 작을수록 커진다.

실전문제 55

방호울타리의 기능으로 옳지 않은 것은?

① 자동차의 차도 이탈을 방지
② 운전자의 시선을 분산
③ 탑승자의 상해를 감소
④ 자동차의 파손을 감소

해설 운전자의 시선을 유도하여 차량의 이탈을 방지한다.

실전문제 56

다음 중 환각제에 대한 설명으로 옳지 않은 것은?

① 복용한 사람의 인지 기능을 왜곡시켜 운전상황에 적절히 대응할 수 없게 만든다.

② 환각제에 따라 인간의 방향감각과 시간에 대한 감각을 왜곡시키기도 한다.

③ 복용한 사람은 존재하지도 않는 대상을 보고, 듣고 느끼기도 한다.

④ 환각제는 고혈압 치료제로 쓰이며 일반인에게 매입할 수 있는 약물이다.

해설　환각제를 일반인이 소지 및 활용하는 것은 불법이다. 고혈압 치료제로 쓰이며 일반인이 매입 · 복용할 수 있는 약물은 진정제에 해당한다.

실전문제 57

베이퍼 록(Vapour lock) 현상이 발생하는 특징과 원인으로 옳은 것은?

① 긴 내리막길에서 풋 브레이크를 계속 사용하여 브레이크 드럼이 과열되었을 때

② 브레이크 액의 변질로 비등점이 높아질 때

③ 브레이크 드럼과 라이닝 간격이 커 드럼이 과열되었을 때

④ 유압이 전달되어 브레이크가 기화되고 작용하지 않을 때

해설　② 브레이크 액의 변질로 비등점이 저하되었을 때
③ 브레이크 드럼과 라이닝 간격이 작아 라이닝이 끌리게 됨에 따라 드럼이 과열되었을 때
④ 브레이크 호스 내에 공기가 유입된 것처럼 기포가 발생하여 유압이 제대로 전달되지 않아 브레이크가 작용하지 않을 때

실전문제 58

방어운전의 전제로 운전자가 합리적으로 행동하고 방어운전을 했다면 예방 가능했던 교통사고는 몇 % 이상인가?

① 100%

② 90%

③ 70%

④ 60%

해설　교통사고의 90% 이상은 사실상 운전자가 당시에 합리적으로 행동했다면 예방 가능했던 사고라는 것이 방어운전의 전제이다.

실전문제 59

왕복 2차로의 양방 통행로인 지방도로에서 운전자의 방어운전으로 옳지 않은 것은?

① 교통신호등이 설치되어 있지 않은 곳은 접근하면서 속도를 줄여 언제든지 정지 준비를 한다.

② 커브 안쪽에 있을 수 있는 위험조건에 안전하게 반응할 수 있을 만큼의 속도로 주행한다.

③ 주간에도 하향 전조등을 켜고 어두운 도로에서는 반드시 상향 전조등을 켜야 한다.

④ 큰 차를 너무 가깝게 따라 감으로써 시야를 차단당하는 일이 없도록 한다.

해설　야간 운행 시 주위에 다른 차가 없다면 어두운 도로에서는 상향(주행빔) 전조등을 켜도 좋다.

실전문제 60

여러 가지 외적 조건에 따라 운전방식을 맞추어 감으로써 연료 소모율을 낮추고 공해배출을 최소화하는 운전방식은?

① 에코드라이빙

② 방어운전

③ 안전운전

④ 시인성

해설　경제운전 또는 에코드라이빙에 대한 설명이다.

실전문제 61

야간운전의 위험성과 주의사항으로 가장 거리가 먼 것은?

① 해가 지기 시작하면 곧바로 전조등을 켜 다른 운전자들에게 자신을 알린다.

② 가시거리가 100m 이내인 경우에는 최고속도를 50% 정도 감속하여 운행한다.

③ 야간에는 운전자의 좁은 시야로 인해 앞차와의 차간거리를 넓혀 주행하는 경향이 있다.

④ 주간보다 시야가 제한되므로 속도를 줄여 운행한다.

해설 야간에는 운전자의 좁은 시야로 인해 앞차와의 차간거리를 좁혀 근접 주행하는 경향이 있다.

실전문제 62

자동차가 완전히 정지하기 전까지 제동거리만큼 진행한 시간은 무엇인가?

① 정지시간　　　　　　　　　　　　② 제동시간
③ 공주시간　　　　　　　　　　　　④ 안전시간

해설 운전자가 브레이크 페달에 발을 올려 브레이크가 작동을 시작하는 순간부터 자동차가 완전히 정지할 때까지 이동한 거리를 제동거리라 한다. 이때 자동차가 완전히 정지하기 전까지 제동거리만큼 진행한 시간을 제동시간이라 한다.

실전문제 63

제동장치에 이상이 발생하였을 때 자동차가 안전한 장소로 진입하여 정지하도록 함으로써 도로이탈 및 충돌사고 등으로 인한 위험을 방지하는 시설은?

① 미끄럼방지시설　　　　　　　　　② 노면요철포장
③ 과속방지시설　　　　　　　　　　④ 긴급제동시설

해설
① 미끄럼방지시설 : 노면의 미끄럼 저항이 낮아진 곳이나 도로선형이 불량한 구간에서 노면의 미끄럼 저항을 높여 자동차의 안전주행을 확보해 주는 시설
② 노면요철포장 : 졸음운전 또는 운전자의 부주의로 인한 차로 이탈을 방지하기 위해 노면에 인위적인 요철을 만들어 자동차가 통과할 때 발생하는 마찰음과 차체의 진동을 통해 운전자의 주의를 환기시키는 시설
③ 과속방지시설 : 낮은 주행 속도가 요구되는 일정 지역에서 통행 자동차의 과속 주행을 방지하기 위해 설치하는 시설

실전문제 64

빗길에서 안전운전할 때 주의사항으로 옳지 않은 것은?

① 폭우로 가시거리가 100m 이내인 경우에는 최고속도의 50%를 줄인 속도로 운행한다.

② 비가 내려 노면이 젖어 있는 경우에는 최고속도의 50%를 줄인 속도로 운행한다.

③ 물이 고인 길을 벗어난 후에는 브레이크를 여러 번 나누어 밟아 마찰열로 물기를 제거한다.

④ 물이 고인 길을 통과할 때에는 속도를 둘여 저속으로 통과한다.

해설 비가 내려 노면이 젖어 있는 경우에는 최고속도의 20%를 줄인 속도로 운행한다.

실전문제 65

올바른 고객서비스 제공을 위한 기본요소로 틀린 것은?

① 단정한 용모　　　　　　　　　　② 밝은 표정
③ 따뜻한 응대　　　　　　　　　　④ 간결한 말투

해설
올바른 서비스 제공을 위한 5요소는 단정한 용모 및 복장, 밝은 표정, 공손한 인사, 친근한 말, 따뜻한 응대이다.

정답　　**61** ③　**62** ②　**63** ④　**64** ②　**65** ④

실전문제 66

안개길 운전의 위험성과 안전운전에 대한 설명으로 옳은 것은?

① 앞차의 제동이나 방향지시등의 신호를 예의주시하며 운행한다.

② 가시거리가 100m 이내인 경우에는 최고속도를 20% 정도 감속하여 운행한다.

③ 비상점멸표시등은 끄고 전조등과 안개등만 켜서 운행한다.

④ 상대방의 안전 확보를 위해 커브길 등에서 경음기를 울리지 않는다.

해설 ② 가시거리가 100m 이내인 경우에는 최고속도를 50% 정도 감속하여 운행한다.
③ 전조등과 안개등 및 비상점멸표시등을 켜고 운행한다.
④ 커브길에서 경음기를 울려 자신이 주행하고 있다는 것을 알린다.

실전문제 67

운수종사자가 지켜야 할 준수사항으로 옳은 것은?

① 장애인 보조견은 전용 운반 상자에 넣은 경우에 한해 차량 탑승이 가능하므로 필요한 사항은 안내한다.

② 차량 내에서의 흡연은 승객이 없는 경우에 한하여 하여야 한다.

③ 애완동물은 목줄과 입마개를 한 경우에 차량 탑승이 가능하므로 필요한 사항은 안내한다.

④ 관계 공무원으로부터 운전면허증 등의 자격증 제시 요구를 받으면 즉시 따른다.

해설 ① 장애인 보조견은 자유롭게 차량 탑승이 가능하다.
② 운송사업에 사용되는 자동차 안에서 담배를 피워서는 안 된다.
③ 애완동물은 전용 운반 상자에 넣을 경우에만 차량 탑승이 가능하다.

실전문제 68

다음 중 가로변버스전용차로의 특징으로 틀린 것은?

① 종일 또는 출·퇴근 시간대 등을 지정하여 탄력적인 운영이 가능하다.

② 시행구간의 버스 이용자 수가 승용차 이용자 수보다 많아야 효과적이다.

③ 가로변의 상업 활동이 보장된다는 장점이 있다.

④ 버스전용차로 운영시간대에는 가로변의 주·정차를 금지해야 한다.

해설 가로변버스전용차로는 가로변의 상업 활동과 상충된다. 가로변의 상업 활동이 보장되는 것은 중앙버스전용차로이다.

실전문제 69

버스준공영제의 주요 도입 배경으로 틀린 것은?

① 민간 버스사업자의 수익 증대 필요   ② 버스교통의 공공성에 따른 공공부문의 역할분담 필요

③ 교통효율성 제고를 위해 버스교통의 활성화 필요   ④ 복지국가로서 보편적 버스교통 서비스 유지 필요

해설 민간 사업자에게 버스 서비스를 맡김으로써 노선이 사유화되고, 이로 인해 적지 않은 문제가 발생하였던 것이 버스준공영제의 주요 도입 배경 중 하나이다.

실전문제 70

다음 중 운송사업자의 종류가 다른 것은?

① 농어촌버스   ② 고속버스

③ 전세버스   ④ 마을버스

해설 시내버스, 농어촌버스, 시외버스, 고속버스, 마을버스 등은 노선 운송사업에 해당한다. 반면 전세버스와 특수여객은 구역 운송사업에 해당한다.

실전문제 71

노선버스의 장치 및 설비 등에 관한 준수사항으로 틀린 것은?

① 하차문이 열려 있을 경우 가속페달이 작동하지 않도록 하는 가속페달 잠금장치를 설치해야 한다.

② 앞바퀴에는 튜브리스 타이어를 사용해야 한다.

③ 차체에는 목적지를 표시할 수 있는 설비를 설치해야 한다.

④ 입석 여객의 안전을 위하여 손잡이대 또는 손잡이를 설치해야 한다.

해설 앞바퀴에 튜브리스 타이어를 사용해야 하는 것은 노선버스가 아닌 전세버스의 장치 및 설비 등에 관한 준수사항이다.

실전문제 72

교통카드 시스템에서 거래기록을 수집 · 정산 처리하고 정산 결과를 해당 은행으로 전송하는 기능을 하는 것은?

① 단말기   ② 집계시스템

③ 충전시스템   ④ 정산시스템

해설 정산시스템은 거래기록의 정산처리뿐만 아니라 정산처리된 기록을 데이터베이스화하는 기능을 한다.

실전문제 73

다음 중 운전자가 삼가야 하는 행동으로 틀린 것은?

① 지그재그운전으로 다른 운전자를 불안하게 만들지 않는다.

② 운행 중에 갑자기 끼어들거나 급브레이크를 밟는 행위를 하지 않는다.

③ 신호등이 바뀌기 직전에는 경음기로 앞 차량에 신호를 준다.

④ 도로상에서 사고가 발생한 경우 차량을 세워 둔 채로 다툼으로써 다른 차량의 통행을 방해하지 않는다.

해설 신호등이 바뀌기 전에 빨리 출발하라고 전조등을 깜빡이거나 경음기로 재촉하는 행위를 하지 않는다.

실전문제 74

다음 중 버스운행관리시스템(BMS)의 주요 기능이 아닌 것은?

① 버스운행 및 종료 정보 제공   ② 버스운행의 실시간 관제

③ 누적 운행시간 및 횟수 통계 관리   ④ 버스 위치 표시 및 관리

해설 버스운행 및 종료 정보의 제공은 버스정보시스템(BIS)의 주요 기능이다.

실전문제 75

심폐소생술의 방법으로 옳은 것은?

① 성인의 의식 확인 시 양쪽 어깨를 잡고 좌우로 흔들어 확인한다.

② 심폐소생술 시행 시 30회의 가슴압박과 2회의 인공호흡을 반복한다.

③ 머리를 옆으로 하고 턱을 가볍게 내려서 기도를 확보한다.

④ 인공호흡은 가슴이 충분히 올라올 정도로 1회당 3초씩 2회 실시한다.

해설 ① 의식 확인 시 양쪽 어깨를 가볍게 두드리며 "괜찮으세요?"라고 말하고 반응을 살핀다.
③ 머리를 바르게 한 상태에서 뒤로 젖히고 턱을 들어올려 기도를 확보한다.
④ 인공호흡은 가슴이 충분히 올라올 정도로 1회당 1초씩 2회 실시한다.

정답   71 ②   72 ④   73 ③   74 ①   75 ②

실전문제 76

여객자동차 운수사업법에 따른 중대한 교통사고에 해당하지 않는 것은?

① 전복사고

② 사망자가 2명 이상 발생한 사고

③ 화재가 발생한 사고

④ 중상자 5명 이상이 발생한 사고

해설 중상자 6명 이상이 발생한 사고를 중대한 교통사고라고 한다.

실전문제 77

서비스의 특징으로 옳은 것은?

① 인적 의존성이 낮다.

② 측정이 쉽고 간편하다.

③ 즉시 사라진다.

④ 생산과 소비에 시간차가 있다.

해설 서비스는 제공이 끝나면 즉시 사라져 남지 않는데, 이를 서비스의 소멸성이라 한다.
① 서비스는 인적 의존성이 높다.
② 서비스는 측정이 어렵지만 누구나 느낄 수는 있다.
④ 서비스는 생산과 소비가 동시에 발생한다.

실전문제 78

업종별 요금체계를 연결한 것으로 틀린 것은?

① 특수여객 – 자율요금제

② 시외버스 – 거리운임요율제

③ 마을버스 – 거리비례제

④ 고속버스 – 단일운임제

해설 고속버스는 거리체감제를 채택하고 있다.

실전문제 79

간선급행버스체계(BRT)의 도입 효과로 거리가 먼 것은?

① 교통사고량의 감소

② 실시간 버스운행정보 제공

③ 다른 교통수단과의 연계 가능

④ 정류소 및 승차대의 쾌적성 향상

해설 간선급행버스체계는 도시철도시스템을 버스운행에 적용한 것으로 신속성 및 정시성 향상, 버스운행정보의 실시간 제공 등 다양한 효과가
있다. 그러나 교통사고량의 감소 효과는 미미하다.

실전문제 80

다음 중 가로변버스전용차로의 장점으로 틀린 것은?

① 시행이 간편하다.

② 일반 차량과의 마찰이 최소화된다.

③ 기존의 가로땅 체계에 미치는 영향이 적다.

④ 적은 비용으로도 운영이 가능하다.

해설 일반 차량과의 마찰이 최소화되는 것은 중앙버스전용차로의 장점이다.

정답   76 ④ 77 ③ 78 ④ 79 ① 80 ②

05 실전모의고사 5회

다음과 같은 특성을 갖는 운송사업은?

> 주로 시 · 군 · 구의 단일 행정구역에서 기점 · 종점의 특수성이나 사용되는 자동차의 특수성 등으로 인하여 다른 노선 여객자동차운송사업자가 운행하기 어려운 구간을 대상으로 국토교통부령으로 정하는 기준에 따라 운행계통을 정하고 국토교통부령으로 정하는 자동차를 사용하여 여객을 운송하는 사업

① 시내버스운송사업   ② 농어촌버스운송사업

③ 마을버스운송사업   ④ 시외버스운송사업

 해설   ① 시내버스운송사업 : 주로 특별시 · 광역시 · 특별자치시 또는 시의 단일 행정구역에서 운행계통을 정한다.
② 농어촌버스운송사업 : 주로 군(광역시의 군은 제외)의 단일 행정구역에서 운행계통을 정한다.
④ 시외버스운송사업 : 시내버스운송사업, 농어촌버스운송사업, 마을버스운송사업에 속하지 않는 사업으로 운행형태에 따라 고속형, 직행형 및 일반형 등으로 구분된다.

다음 중 버스운전업무 종사자격의 요건으로 옳지 않은 것은?

① 운전적성 정밀검사 기준에 적합할 것

② 버스운전자격시험에 합격하고 자격증을 취득할 것

③ 19세 이상으로서 운전경력이 1년 이상일 것

④ 사업용 자동차를 운전하기에 적합한 운전면허를 보유하고 있을 것

 해설   버스운전업무 종사자격은 20세 이상으로서 운전경력이 1년 이상이어야 한다.

시내버스운성사업의 운행형태 중 둘 이상의 시 · 도에 걸쳐 노선이 연장되는 경우 여건 등을 고려해 정류구간을 조성하고, 해당 노선 좌석형의 총 정류소 수의 2분의 1 이내의 범위에서 정류소 수를 조정하여 운행하는 형태는?

① 광역급행형   ② 직행좌석형

③ 좌석형   ④ 일반형

 해설   ① 광역급행형 : 시내좌석버스를 사용하고 주로 고속국도, 도시고속도로 또는 주간선도로를 이용하는 형태
③ 좌석형 : 시내좌석버스를 사용하여 각 정류소에 정차하면서 운행하는 형태
④ 일반형 : 시내일반버스를 주로 사용하여 각 정류소에 정차하면서 운행하는 형태

고속도로 및 자동차전용도로에서의 금지행위에 해당하지 않는 것은?

① 갓길 통행금지   ② 정차 및 주차의 금지

③ 횡단 등의 금지   ④ 긴급이륜자동차의 통행금지

해설   도로교통법 제5장에는 갓길 통행금지, 횡단 등의 금지, 정차 및 주차의 금지가 규정되어 있다. 이륜자동차 중 긴급자동차의 경우 고속도로 등을 통행하거나 횡단할 수 있다.

정답   **01** ③   **02** ③   **03** ②   **04** ④

실전문제 05

승합자동차의 경우 성인 동승자의 좌석안전띠 미착용 시 범칙금은 얼마인가?

① 3만 원

② 5만 원

③ 7만 원

④ 10만 원

해설 동승자의 안전띠 미착용은 동승자가 13세 미만인 경우 6만 원, 13세 이상인 경우 3만 원의 범칙금이 부과된다.

실전문제 06

다음 중 특수여객자동차운송사업용으로 사용되는 승용자동차의 차령이 다른 하나는?

① 대형 승용자동차

② 중형 승용자동차

③ 소형 승용자동차

④ 경형 승용자동차

해설 대형 승용자동차는 10년, 나머지 승용자동차는 6년이다.

실전문제 07

다음 중 교통사고처리특례법상 교통사고에 해당하는 것은?

① 자살 · 자해행위로 인정되는 경우

② 축대가 무너져 도로를 진행 중인 차량이 부서진 경우

③ 건물에서 추락한 사람과 주의하여 운행 중인 차량이 충돌하여 사람이 부상을 당한 경우

④ 횡단보도의 녹색 보행자 횡단신호에서 자전거와 보행자가 충돌하여 사람이 다친 경우

해설 자전거는 도로교통법상 자동차에 해당하므로 자전거와 보행자가 충돌한 경우 교통사고로 처리된다. ①~③은 교통사고가 아닌 안전사고로 처리한다.

실전문제 08

차로에 따른 통행차의 기준에 대한 설명으로 옳지 않은 것은?

① 일반도로에서 왼쪽 차로는 경형 승합자동차가 통행할 수 있다.

② 편도 2차로 고속도로에서 1차로는 앞지르기를 하려는 모든 자동차가 통행할 수 있다.

③ 편도 3차로 이상 고속도로에서 왼쪽 차로는 특수자동차가 통행할 수 있다.

④ 일반도로의 오른쪽 차로는 원동기장치자전거가 통행할 수 있다.

해설 편도 3차로 이상 고속도로에서 왼쪽 차로는 승용자동차 및 경형 · 소형 · 중형 승합자동차가 통행할 수 있다. 특수자동차는 오른쪽 차로를 이용해야 한다.

실전문제 09

어린이 통학버스로 신고할 수 있는 자동차의 승차정원 기준은 몇 명인가?

① 7인승 이상

② 9인승 이상

③ 11인승 이상

④ 15인승 이상

해설 어린이 통학버스로 신고할 수 있는 자동차의 승차정원은 9명으로 어린이 1명을 승차정원 1명으로 본다.

정답 05 ① 06 ① 07 ④ 08 ③ 09 ②

실전문제 10

도로교통법상 교통사고에 의한 사망으로 사망자 1명당 벌점 90점이 부과되는 것은 교통사고 발생 후 몇 시간 내 사망한 것을 말하는가?

① 24시간　　　　　　　　② 48시간
③ 60시간　　　　　　　　④ 72시간

해설　교통사고 발생 후 72시간 이내에 사망한 인적 피해 교통사고의 경우에는 사망자 1명당 벌점 90점이 부과된다.

실전문제 11

버스에 승객을 태우고 운행하는 중 철길건널목에서 차가 고장 났을 경우 가장 먼저 취해야 할 조치는?

① 즉시 승객들을 대피시킨다.　　　② 철도공무원에게 알린다.
③ 경찰공무원에게 알린다.　　　　④ 다른 운전자들에게 도움을 요청한다.

해설　철길건널목에서 차량이 고장 난 경우 승객을 가장 먼저 대피시킨다.

실전문제 12

도로교통법상 혈중알코올농도가 몇 % 이상의 상태에서 운전할 때 면허취소처분을 받게 되는가?

① 0.03%　　　　　　　　② 0.05%
③ 0.07%　　　　　　　　④ 0.08%

해설　도로교통법상 혈중알코올농도가 0.08% 이상의 상태에서 운전할 때 면허취소처분을 받게 된다.

실전문제 13

다음 중 난폭운전에 해당하지 않는 것은?

① 급차로 변경　　　　　　② 지그재그 운전
③ 장치를 정확히 조작하는 운전　　④ 좌 · 우로 핸들을 급조작하는 운전

해설　**난폭운전의 사례**
• 급차로 변경
• 지그재그 운전
• 좌 · 우로 핸들을 급조작하는 운전
• 지선도로에서 간선도로로 진입할 때 일시정지 없이 급진입하는 운전 등

실전문제 14

특별교통안전 권장교육을 받을 수 있는 사람의 기준이 아닌 것은?

① 특별교통안전 의무교육을 받은 사람
② 운전면허를 받은 사람 중 교육을 받으려는 날에 60세 이상인 사람
③ 교통법규 위반으로 인해 운전면허효력 정지처분을 받을 가능성이 있는 사람
④ 교통법규 위반 중 특별교통안전 의무교육을 받아야 하는 사유 외의 사유로 운전면허효력 정지처분을 받은 사람

해설　운전면허를 받은 사람 중 교육을 받으려는 날에 65세 이상인 사람은 특별교통안전 권장교육을 받을 수 있다.

정답　10 ④　11 ①　12 ④　13 ③　14 ②

실전문제 15

다음과 같은 사람이 받아야 하는 운전적성정밀검사의 종류는?

> 신규검사의 적합판정을 받은 자로서 운전적성정밀검사를 받은 날부터 3년 이내에 취업하지 않은 사람

① 신규검사　　　　　　　　　　　　② 특별검사
③ 자격유지검사　　　　　　　　　　④ 정기검사

> 해설 **신규검사 대상자**
> • 신규로 여객자동차운송사업용 자동차를 운전하려는 자
> • 여객자동차운송사업용 자동차 또는 화물자동차 운송사업용 자동차의 운전업무에 종사하다가 퇴직한 자로서 신규검사를 받은 날로부터 3년이 지난 후 재취업하려는 자. 다만, 재취업일까지 무사고 운전한 경우는 제외
> • 신규검사의 적합판정을 받은 자로서 운전적성정밀검사를 받은 날부터 3년 이내에 취업하지 아니한 자. 다만, 신규검사를 받은 날부터 취업일까지 무사고로 운전한 사람은 제외

실전문제 16

다음 중 운전면허가 취소되는 사유가 아닌 것은?

① 난폭운전을 한 경우　　　　　　　　② 혈중알코올농도 0.05%인 상태에서 운전한 경우
③ 정기적성검사 기간이 6개월을 경과한 경우　　④ 다른 사람에게 면허증을 대여하여 운전하는 경우

> 해설 정기적성검사에 불합격하거나 적성검사기간 만료일 다음 날부터 적성검사를 받지 아니하고 1년을 초과한 때 면허가 취소된다.

실전문제 17

차량신호등 중 원형등화의 종류와 그 의미의 연결로 옳은 것은?

① 녹색의 등화 : 좌회전할 수 없다.
② 적색의 등화 : 횡단보도 직전에 정지해야 한다.
③ 적색등화의 점멸 : 다른 교통에 주의하면서 진행할 수 있다.
④ 황색등화의 점멸 : 교차로의 직전에 일시정지한다.

> 해설 ① 녹색의 등화 : 비보호좌회전표지 또는 비보호좌회전표시가 있는 곳에서는 좌회전할 수 있다.
> ③ 적색등화의 점멸 : 정지선이나 횡단보도가 있을 때에는 그 직전이나 교차로의 직전에 일시정지한 후 다른 교통에 주의하면서 진행할 수 있다.
> ④ 황색등화의 점멸 : 다른 교통 또는 안전표지의 표시에 주의하면서 진행할 수 있다.

실전문제 18

악천후 시 자동차의 운행속도에 대한 설명으로 옳지 않은 것은?

① 안개 등으로 가시거리가 100m 이내인 경우 최고속도의 100분의 20을 줄인 속도로 운행해야 한다.
② 노면이 얼어붙은 경우 최고속도의 100분의 50을 줄인 속도로 운행해야 한다.
③ 눈이 20mm 미만 쌓인 경우 최고속도의 100분의 20을 줄인 속도로 운행해야 한다.
④ 눈이 20mm 이상 쌓인 경우 최고속도의 100분의 50을 줄인 속도로 운행해야 한다.

> 해설 안개 등으로 가시거리가 100m 이내인 경우 최고속도의 100분의 50을 줄인 속도로 운행해야 한다.

실전문제 19

앞차를 앞지르기하고자 할 때 요령으로 옳지 않은 것은?

① 앞차를 앞지르려면 그 차의 좌측으로 통행하여야 한다.

② 앞차가 다른 차를 앞지르려고 하는 경우에도 앞지르기할 수 있다.

③ 반대 방향의 교통과 앞차 앞쪽의 교통에도 주의를 충분히 기울어야 한다.

④ 앞차의 속도 · 진로 등에 따라 방향지시기 · 등화 등을 사용한다.

해설 다음과 같은 경우에는 앞지르지 못한다.
  • 앞차의 좌측에 다른 차가 앞차와 나란히 가고 있는 경우
  • 앞차가 다른 차를 앞지르고 있거나 앞지르려고 하는 경우

실전문제 20

주행 중 교차로 또는 그 부근에서 긴급자동차가 접근한 때에 운전자가 취해야 하는 운행방법은?

① 교차로를 피하기 위하여 도로의 우측 가장자리에 일시정지한다.

② 교차로를 피하기 위하여 도로의 우측 가장자리에서 서행한다.

③ 긴급자동차가 피해 갈 수 있도록 도로 중앙을 이용해 일시정지한다.

④ 그 자리에서 긴급자동차가 지나갈 때까지 정지한다.

해설 주행 중 교차로 또는 그 부근에서 긴급자동차가 접근한 때에 운전자는 교차로를 피하기 위하여 도로의 우측 가장자리에 일시정지해야 한다.

실전문제 21

다음 중 승객추락방지의무위반 사고에 해당하지 않는 것은?

① 문을 연 상태에서 출발하여 타고 있는 승객이 추락한 경우

② 승객이 타고 있을 때 갑자기 문을 닫아 문에 충격된 승객이 추락한 경우

③ 운전자가 사고방지를 위해 취한 급제동으로 승객이 차 밖으로 추락한 경우

④ 버스운전자가 개 · 폐 안전장치인 전자감응장치가 고장 난 상태에서 운행 중에 승객이 내리고 있을 때 출발하여 승객이 추락한 경우

해설 **승객추락방지의무위반 사고에 해당하지 않는 경우**
  • 승객이 임의로 차문을 열고 상체를 내밀어 차 밖으로 추락한 경우
  • 운전자가 사고방지를 위해 취한 급제동으로 승객이 차밖으로 추락한 경우
  • 화물자동차 적재함에 사람을 태우고 운행 중에 운전자가 급가속 또는 급제동으로 피해자가 추락한 경우

실전문제 22

다음 중 고속도로 또는 자동차전용도로에서 갓길에 대한 설명으로 옳은 것은?

① 졸음운전이 염려될 때 갓길에 정차하여 휴식을 취할 수 있다.

② 도로가 정체될 때 차량의 원활한 소통을 위해 임의로 통행할 수 있다.

③ 다른 차를 앞지르고자 할 때 방향지시기 · 등화를 사용하여 통행할 수 있다.

④ 긴급자동차와 도로 보수 등의 작업을 하는 자동차를 운전하는 경우 통행할 수 있다.

해설 자동차의 운전자는 고속도로 등에서 자동차의 고장 등 부득이한 사정이 있는 경우를 제외하고는 차로에 따라 통행해야 하며, 갓길로 통행해서는 안 된다. 다만, 긴급자동차와 고속도로 등의 보수 · 유지 등의 작업을 하는 자동차를 운전하는 경우나 차량정체 시 신호기 또는 경찰공무원 등의 신호나 지시에 따라 갓길에서 자동차를 운전하는 경우는 제외한다.

정답   19 ② 　 20 ① 　 21 ③ 　 22 ④

실전문제 23

다음 중 범칙행위에 따른 벌점이 40점에 해당하는 행위는?

① 60km/h 초과로 속도위반

② 승객의 차내 소란행위 방치운전

③ 운전 중 휴대용 전화 사용

④ 자동차를 이용하여 보복운전을 하여 입건된 때

해설
① 벌점 60점
③ 벌점 15점
④ 벌점 100점

실전문제 24

여객자동차 운수사업법령상 위반행위에 따른 운전자격 처분기준 중 자격취소에 해당하는 것은?

① 교통사고로 사망자 2명 이상을 죽게 한 경우

② 전세버스운송사업의 운수종사자가 대열운행을 한 경우

③ 정당한 사유 없이 법에서 정한 운수종사자의 교육을 받지 않은 경우

④ 운전업무와 관련하여 버스운전자격증을 타인에게 대여한 경우

해설
① 자격정지 60일
② 자격정지 15일
③ 자격정지 5일

실전문제 25

모든 운전자의 준수사항 등에 관한 내용이 아닌 것은?

① 운전자는 자동차가 정지하고 있는 경우 휴대용 전화를 사용하지 아니할 것

② 운전자는 승객이 차 안에서 안전운전에 현저히 방해가 될 정도로 춤을 추는 등 소란행위를 하도록 내버려두고 차를 운행하지 아니할 것

③ 운전자는 자동차를 급히 출발시키거나 속도를 급격히 높이는 행위를 하여 다른 사람에게 피해를 주는 소음을 발생시키지 아니할 것

④ 운전자는 안전을 확인하지 아니하고 차의 문을 열거나 내려서는 아니 되며, 동승자가 교통의 위험을 일으키지 아니하도록 필요한 조치를 할 것

해설 자동차 또는 노면전차가 정지하고 있는 경우, 긴급자동차를 운전하는 경우, 각종 범죄 및 재해 신고 등 긴급한 필요가 있는 경우에는 휴대용 전화를 사용할 수 있다(도로교통법 제49조 제1항 제10호).

실전문제 26

버스운전자의 운행 중 안전수칙으로 틀린 것은?

① 터널의 출구나 다리 위의 돌풍 등에 주의한다.

② 비탈길을 내려올 때는 풋 브레이크만을 사용하도록 한다.

③ 장시간 운전을 하는 경우에는 2시간마다 휴식을 취하도록 한다.

④ 높이 제한이 있는 도로를 주행할 때는 항상 차량의 높이에 주의한다.

해설 비탈길을 내려올 때 계속 풋 브레이크만 사용하면 제동효율이 떨어지므로 엔진브레이크를 사용한다.

정답 23 ② 24 ④ 25 ① 26 ②

실전문제 27

고속도로 운행 시의 운행방법으로 틀린 것은?

① 운행 전 연료, 냉각수, 엔진오일, 각종 벨트, 타이어 공기압 등을 점검한다.
② 고속으로 운행할 경우 풋 브레이크와 엔진브레이크를 효율적으로 함께 사용한다.
③ 터널의 출구 부분을 나올 때는 속도를 높인다.
④ 고속도로를 벗어날 때는 미리 출구를 확인하고 방향지시등을 작동시킨다.

해설 터널의 출구 부분을 나올 때는 바람의 영향으로 차체가 흔들릴 수 있으므로 속도를 줄여야 한다.

실전문제 28

벨트가 끊어지거나 충전장치가 고장 나 배터리 상태를 점검해야 할 때 점등되는 경고등은?

①

②

③

④

해설 배터리 상태를 점검해야 할 때는 배터리 충전 경고등이 점등된다. ②는 배기 브레이크 표시등, ③은 엔진 예열작동 표시등, ④는 비상경고 표시등이다.

실전문제 29

와셔액 탱크가 비어 있을 때 와이퍼를 작동시킬 경우 발생할 수 있는 문제는?

① 와이퍼 링크가 이탈할 수 있다.
② 와이퍼가 작동 도중 멈출 수 있다.
③ 와이퍼 모터가 손상될 수 있다.
④ 차량 도장이 손상될 수 있다.

해설 와셔액 탱크가 비어 있을 때 와이퍼를 작동시키면 와이퍼 모터가 손상될 수 있다.

실전문제 30

브레이크 제동효과가 나쁠 때 추정할 수 있는 원인이 아닌 것은?

① 공기누설(타이어 공기가 빠져나가는 현상)이 있다.
② 공기압이 과다하다.
③ 라이닝 간극이 과다하거나 마모 상태가 심하다.
④ 타이어가 편마모되어 있다.

해설 타이어가 편마모되어 있을 경우 브레이크가 편제동될 수 있다.

실전문제 31

엔진의 출력을 자동차 주행속도에 알맞는 회전력과 속도로 바꾸어서 구동바퀴에 전달하는 장치는?

① 변속기
② 클러치
③ 조향장치
④ 현가장치

해설 변속기는 엔진과 차축 사이에서 회전력을 변환시켜 전달하며, 자동차의 후진을 위해서도 필요한 장치이다.

정답   **27** ③ **28** ① **29** ③ **30** ④ **31** ①

실전문제 32

공기 스프링의 특징으로 틀린 것은?

① 다른 스프링에 비해 유연한 탄성을 얻을 수 있고 노면의 작은 진동도 흡수할 수 있다.

② 짐을 실었을 때와 비었을 때의 승차감에 차이가 없다.

③ 구조가 간단하고 제작비가 저렴하다.

④ 승차감이 우수해 장거리 주행 자동차 및 대형버스에 사용된다.

해설 공기스프링은 구조가 복잡하고 제작비가 비싼 것이 단점이다.

실전문제 33

압축천연가스 자동차의 가스공급라인에서 가스가 누출될 때의 조치요령으로 틀린 것은?

① 가스 누설 부위를 비눗물 또는 가스검진기 등으로 확인한다.

② 가스공급라인의 몸체가 파열된 경우 용접하여 재사용한다.

③ 차량 부근으로 화기 접근을 금하고, 엔진 시동을 끈 후 메인 전원 스위치를 차단한다.

④ 탑승하고 있는 승객은 안전한 곳으로 대피시킨다.

해설 가스공급라인의 몸체가 파열된 경우 재사용하지 말고 새것으로 교환하여야 한다.

실전문제 34

클러치가 구비해야 하는 조건으로 틀린 것은?

① 냉각이 잘되어 과열되지 않아야 한다.　　　　② 회전력의 단속 작용이 확실하고 조작이 쉬워야 한다.

③ 회전관성이 커야 한다.　　　　④ 회전부분의 평형이 좋아야 한다.

해설 클러치는 회전관성이 작아야 한다. 또한 구조가 간단하고, 다루기 쉬우며 고장이 적어야 한다.

실전문제 35

노면의 충격이 차체나 탑승자에게 전달되지 않도록 충격을 흡수하는 장치는?

① 현가장치　　　　② 조향장치

③ 제동장치　　　　④ 동력전달장치

해설 ② 조향장치 : 자동차의 진행방향을 운전자가 의도하는 바에 따라 조작할 수 있게 하는 장치
③ 제동장치 : 차량의 속도를 감속하거나 정지시키고, 정지상태를 유지하는 장치
④ 동력전달장치 : 엔진에서 발생한 동력을 바퀴까지 전달하는 장치

실전문제 36

전조등의 사용 시기에 대한 설명으로 틀린 것은?

① 상향등 : 야간 운행 시 마주 오는 차가 있을 경우　　　② 하향등 : 마주 오는 차가 있을 경우

③ 상향점멸 : 다른 차의 주의를 환기시킬 경우　　　④ 하향등 : 앞차를 따라 갈 경우

해설 상향등은 야간 운행 시 시야확보를 원할 경우 사용한다. 단, 마주 오는 차 또는 앞차가 없을 때에 한하여 사용해야 한다.

정답　　32 ③　33 ②　34 ③　35 ①　36 ①

실전문제 37

연료의 소비량이 많은 경우 추정원인으로 틀린 것은?

① 연료의 누출이 있는 경우
② 타이어의 공기압이 과도한 경우
③ 클러치가 미끄러지는 경우
④ 브레이크가 제동된 상태에 있는 경우

해설 타이어의 공기압이 적정 공기압보다 부족할 경우 연료의 소비량이 증가할 수 있다.

실전문제 38

자동차를 앞에서 보았을 때 앞바퀴가 수직선에 대해 어떤 각도를 두고 설치되어 있는 것을 무엇이라 하는가?

① 캐스터(Caster)
② 토인(Toe-in)
③ 킹핀 경사각
④ 캠버(Camber)

해설 바퀴의 윗부분이 바깥쪽으로 기울어진 상태를 '정의 캠버', 안쪽으로 기울어진 상태를 '부의 캠버'라 한다.

실전문제 39

사업용 자동차의 차령을 연장하고자 할 때 실시하는 검사는?

① 신규검사
② 튜닝검사
③ 종합검사
④ 임시검사

해설 여객자동차 운수사업법 시행령에 따라 사업용 자동차의 차령을 연장하고자 할 경우 해당 차량의 차령기간이 만료되기 전 2개월 이내에 임시 검사를 받아 적합 판정을 받아야 한다.

실전문제 40

책임보험이나 책임공제에 미가입한 경우 가입하지 아니한 기간이 10일 이내이면 과태료 금액은 얼마인가?

① 5천 원
② 8천 원
③ 2만 원
④ 3만 원

해설 책임보험이나 책임공제에 미가입한 경우, 가입하지 아니한 기간이 10일 이내라면 3만 원의 과태료가 부과된다.

실전문제 41

진입차선을 통해 고속도로로 진입할 때 방어운전을 위해 유지해야 할 최소한의 시간 간격은?

① 4초
② 8초
③ 10초
④ 20초

해설 진입차선을 통해 고속도로로 들어갈 때에는 최소한 4초의 시간간격을 유지해야 한다.

실전문제 42

혈중알코올농도에 영향을 미치는 것이 아닌 것은?

① 사람의 체중
② 모발 상태
③ 위내 음식물의 종류
④ 음주 후 측정시간

해설 혈중알코올농도는 음주량 외에도 사람의 체중, 성별, 위내 음식물의 종류, 음주 후 측정시간에 따라 달라진다.

정답   37 ②   38 ④   39 ④   40 ④   41 ①   42 ②

실전문제 43

야간에 식별하기 가장 곤란한 옷을 입은 보행자는?

① 불빛에 반사가 잘되는 소재의 옷을 입은 보행자　　② 흑색 옷을 입은 보행자

③ 흰색 옷을 입은 보행자　　④ 빨강 계열 옷을 입은 보행자

> **해설**　빛에 반사가 잘 되지 않는 어두운 옷을 입은 보행자는 야간에 식별이 곤란하다.

실전문제 44

경제운전(에코드라이빙)의 특징으로 옳지 않은 것은?

① 차량 관리 비용 증가　　② 고장수리 작업 시간 손실 감소

③ 공해배출 감소　　④ 승객의 스트레스 감소

> **해설**　경제운전에는 차량 관리 비용, 고장 수리 비용, 타이어 교체 비용 등의 감소효과가 있다.

실전문제 45

다음 중 용어의 정의가 바르지 않은 것은?

① 분리대 : 자동차의 통행 방향에 따라 분리하거나 성질이 다른 같은 방향의 교통을 분리하기 위하여 설치하는 도로의 시설물

② 측대 : 길어깨 또는 중앙분리대의 일부분으로 포장 끝부분 보호, 운전자의 시선을 유도하는 기능

③ 시거 : 운전자가 자동차 진행방향에 있는 장애물 또는 위험 요소를 인지하고 제동하여 장애물을 피해서 주행할 수 있는 거리

④ 편경사 : 자동차와 보행자를 안전하고 질서있게 이동시킬 목적으로 교통섬 등을 이용하여 명확한 통행경로를 지시해 주는 것

> **해설**　편경사는 평면곡선부에서 자동차가 원심력에 저항할 수 있도록 하기 위하여 설치하는 횡단경사이다.

실전문제 46

경제운전에 영향을 미치는 요인이 아닌 것은?

① 교통상황　　② 공기역학

③ 운전자의 심리　　④ 차량의 타이어

> **해설**　경제운전에 영향을 미치는 요인에는 교통상황, 도로조건, 기상조건, 차량의 타이어, 엔진, 공기역학 등이 있다.

실전문제 47

지방도에서의 시인성 확보를 위해 문제를 야기할 수 있는 전방 몇 초의 상황을 확인하는 것이 좋은가?

① 12~15초　　② 9~11초

③ 5~8초　　④ 1~4초

> **해설**　지방도에서 시인성 확보를 위해서는 문제를 야기할 수 있는 전방 12~15초의 상황을 확인한다.

실전문제 48

시인성을 높이는 방법으로 옳지 않은 것은?

① 후사경에 매다는 장식물은 주의력 집중에 도움이 된다.

② 사이드 미러를 운전자에 맞게 조정한다.

③ 와이퍼와 와셔가 제대로 작동되는지를 점검한다.

④ 차 안팎 유리창을 깨끗이 닦는다.

해설 후사경에 매다는 장식물이나 시야를 가리는 차내의 장애물은 치운다.

실전문제 49

시가지 이면도로에서 자전거나 이륜차를 발견하였을 때의 방어운전 방법으로 가장 부적절한 것은?

① 위험할 경우 대상을 계속 주시하여야 한다.

② 자전거나 이륜차의 갑작스런 회전 등에 대비한다.

③ 자전거가 통행하고 있을 때에는 통행공간을 확보하고 배려한다.

④ 상대에게 경음기나 전조등 등으로 주의를 주면서 운행한다.

해설 시가지 이면도로에서는 보행자 우선이며 서행 및 안전거리 유지를 해야 한다. 경음기나 전조등을 이용하는 것은 적절한 방어운전이 아니다.

실전문제 50

다음 중 운전과 관련된 시력의 정의로 옳은 것은?

① 정지시력은 일정 거리에서 일정한 시표를 보고 모양을 확인할 수 있는지를 가지고 측정하는 시력이다.

② 전방의 어떤 사물을 주시할 때에 사물을 분명하게 볼 수 있게 하는 시력은 동체시력이다.

③ 시야란 중심시와 주변시를 포함해 주위의 물체를 확인할 수 있는 범위이다.

④ 중심시 좌우로 움직이는 물체 등을 인식할 수 있게 하는 눈의 영역은 주변시이다.

해설 동체시력이란 움직이는 물체 또는 움직이면서 다른 자동차나 사람 등의 물체를 보는 시력이다.

실전문제 51

야간에 운행할 때 가시거리가 100m 이내인 경우 최고속도를 몇 % 정도 감속하여 운행하여야 하는가?

① 90%

② 70%

③ 50%

④ 20%

해설 야간에는 시야가 전조등의 불빛으로 식별할 수 있는 범위로 제한됨에 따라 노면과 앞차의 후미 등 전방만을 보게 되므로 가시거리가 100m 이내인 경우에는 최고속도를 50% 정도 감속하여 운행한다.

실전문제 52

수막(Hydroplaning) 현상에 대한 설명으로 옳지 않은 것은?

① 자동차가 물이 고인 노면을 고속으로 주행할 때 타이어의 접지력을 상실하게 되는 현상이다.

② 자동차 속도에 비례하고 유체 밀도에 반비례한다.

③ 수막 현상을 예방하기 위해서는 과다 마모된 타이어를 사용하지 않아야 한다.

④ 수막 현상은 차의 속도, 고인 물의 깊이, 노면 상태 등의 영향을 받는다.

해설 자동차 속도와 유체 밀도에 비례한다.

실전문제 53

오르막길에서의 안전운전 및 방어운전으로 옳은 것은?

① 다른 차를 배려하기 위해 정차할 때는 앞차와 가까운 차간거리를 유지한다.

② 오르막길의 정상 부근은 가장 시야가 넓으므로 서행하며 운전한다.

③ 언덕길에서 반대 방향 차량과 마주했을 경우 올라가는 차량에게 통행 우선권이 있다.

④ 오르막길에서 부득이하게 앞지르기할 때에는 저단 기어를 사용하는 것이 좋다.

해설
① 정차할 때는 앞차가 뒤로 밀려 충돌할 가능성이 있으므로 충분한 차간거리를 유지한다.
② 오르막길의 정상 부근은 시야가 제한되는 사각지대이다.
③ 언덕길에서는 내려오는 차량에게 통행 우선권이 있으므로 올라가는 차량이 양보하여야 한다.

실전문제 54

매우 위험해서 일반인이 매입·복용할 수 없는 약물이며 인간의 방향감각과 거리, 그리고 시간에 대한 감각을 왜곡시키기도 하는 약물은?

① 진정제
② 수면제
③ 환각제
④ 흥분제

해설
환각제는 인간의 시각을 포함한 제반 감각기관과 인지능력, 사고 기능을 변화시킨다.

실전문제 55

다음 중 평면선형과 교통사고의 관계로 옳지 않은 것은?

① 곡선부에서 차량의 이탈사고를 막기 위해 도로반사경을 설치한다.

② 편경사가 설치되어 있지 않은 평면곡선 구간에서 고속으로 곡선부를 주행할 때에는 차량의 이탈 사고가 발생할 수 있다.

③ 곡선반경이 작은 도로에서는 원심력으로 인해 고속으로 주행 시 차량 전도 위험이 증가한다.

④ 도로의 곡선반경이 작을수록 사고발생 위험이 증가한다.

해설
곡선부 등에서는 차량의 이탈사고를 방지하기 위해 방호울타리를 설치할 수 있다.

실전문제 56

브레이크 마찰재가 물에 젖으면 마찰계수가 작아져 브레이크의 제동력이 저하되는 현상은?

① 페이드(Fade) 현상
② 원심력
③ 수막(Hydroplaning) 현상
④ 워터 페이드(Water fade) 현상

해설
워터 페이드(Water fade) 현상에 대한 설명이다.

실전문제 57

회전교차로의 특징으로 옳지 않은 것은?

① 교통소통 향상을 목적으로 설치한다.

② 진입하는 자동차는 회전 중인 자동차에게 양보한다.

③ 주도로와 부도로의 통행 속도차가 작은 교차로에 설치한다.

④ 회전교차로에 진입할 때에는 속도를 충분히 줄인 후 진입한다.

해설
주도로와 부도로의 통행 속도차가 큰 교차로에 설치한다.

정답   53 ④   54 ③   55 ①   56 ④   57 ③

실전문제 58

도로와 관련하여 용어의 정의로 옳은 것은?

① 가변차로 : 교차로 등에서 자동차가 좌 · 우회전할 수 있도록 직진차로와는 별도로 설치하는 차로

② 양보차로 : 양방향 2차로 앞지르기 금지구간에서 자동차의 원활한 소통을 위해 길어깨 쪽으로 설치하는 저속 자동차의 주행 차로

③ 오르막차로 : 교차로 등에서 자동차가 좌 · 우회전할 수 있도록 직진차로와는 별도로 설치하는 차로

④ 회전차로 : 앞지르기가 불가능할 경우 원활한 소통을 위해 도로 중앙 측에 설치하는 고속 자동차의 주행차로

> **해설**
> ① 가변차로 : 방향별 교통량이 현저하게 차이가 발생하는 도로에서 교통량이 많은 쪽으로 차로수가 확대될 수 있도록 차로의 진행방향을 지시하는 차로
> ③ 오르막차로 : 오르막구간에서 저속 자동차와 다른 자동차를 분리하여 통행시키기 위해 설치하는 차로
> ④ 회전차로 : 교차로 등에서 자동차가 좌 · 우회전할 수 있도록 직진차로와는 별도로 설치하는 차로

실전문제 59

아래의 도로 안전시설의 정의로 옳은 것은?

① 직선 및 곡선 구간에서 운전자에게 전방의 도로조건이 변화되는 상황을 반사체를 이용하여 안내하는 시설이다.

② 야간 및 악천후에 운전자의 시선을 명확히 유도하기 위해 도로 표면에 설치하는 시설이다.

③ 급한 곡선 도로에서 운전자의 시선을 명확하게 유도하기 위해 곡선 정도에 따라 설치한다.

④ 주행 중 차량 이탈을 방지하기 위해 자동차를 정상 진행 방향으로 복귀시키기 위해 설치된 시설이다.

> **해설**
> 그림 속 도로 안전시설물은 표지병이다. ①은 시선유도표지, ③은 갈매기표지, ④는 방호울타리의 정의이다.

실전문제 60

교통섬의 목적으로 옳지 않은 것은?

① 보행자가 도로를 횡단할 때 대피섬 제공

② 신호등, 도로표지, 조명 등 노상시설의 설치장소 제공

③ 자동차가 진행해야 할 경로를 명확히 제공

④ 도로교통의 흐름을 안전하게 유도

> **해설**
> ③은 교통섬이 아닌 도류화에 대한 설명이다.

실전문제 61

커브길에서의 주행방법으로 옳은 것은?

① 감속된 속도에 맞는 기어로 변속한다.

② 가속 페달을 밟아 빠르게 속도를 높여 지나간다.

③ 회전이 끝나는 부분에 도달하기 전에 핸들을 바르게 한다.

④ 풋 브레이크가 아닌 엔진 브레이크만으로 속도를 줄인다.

> **해설**
> ② 가속 페달을 밟아 속도를 서서히 높인다.
> ③ 회전이 끝나는 부분에 도달하였을 때에 핸들을 바르게 한다.
> ④ 엔진 브레이크만으로 속도가 충분히 줄지 않으면 풋 브레이크를 사용하여 회전 중에 더 이상 가속하지 않도록 줄인다.

실전문제 62

내리막길에서의 방어운전으로 옳지 않은 것은?

① 내려갈 때에는 엔진 브레이크로 속도를 조절하는 것이 바람직하다.

② 배기 브레이크를 사용할 경우 라이닝의 수명을 연장시킬 수 있다.

③ 내리막길과 오르막길의 경사가 같을 경우 내리막길에서 오르막길보다 낮은 기어를 사용해야 한다.

④ 엔진 브레이크를 사용하면 페이드 현상을 예방하여 운행 안전도를 높일 수 있다.

> 해설 도로의 오르막길과 내리막길 경사가 같을 경우 변속기 기어의 단수도 동일하게 사용하는 것이 바람직하다.

실전문제 63

철길 건널목에서의 방어운전으로 옳은 것은?

① 철길 건널목에 접근할 때에는 속도를 줄여 접근한다.

② 건널목 정지선에 일시정지 후에 좌 · 우의 안전을 확인한다.

③ 통과 중에 시동이 꺼졌을 경우 즉시 동승자를 대피시키고 차를 밖으로 이동시키기 위해 노력한다.

④ 건널목 내에서 움직일 수 없을 때에는 열차가 오고 있는 반대 방향으로 뛰어간다.

> 해설 건널목 내에서 움직일 수 없을 때에는 열차가 오고 있는 방향으로 뛰어가면서 옷을 벗어 흔드는 등 기관사에게 위급상황을 알려 열차가 정지할 수 있도록 안전조치를 취한다.

실전문제 64

양방향 2차로 앞지르기 금지구간에서 자동차의 원활한 소통을 도모하고 도로 안전성을 제고하기 위해 길어깨 쪽으로 설치하는 저속 자동차의 주행차로는?

① 양보차로
② 앞지르기차로
③ 가변차로
④ 변속차로

> 해설 양보차로는 저속으로 달리는 자동차로 인해 동일 진행방향 뒤차의 속도감소를 유발시키는 경우 원활한 소통을 위해 설치한다.

실전문제 65

길어깨에 대한 설명으로 옳지 않은 것은?

① 도로를 보호하고 비상시에 이용하기 위해 차도와 연결하여 설치하는 도로의 부분이다.

② 곡선도로의 시거가 감소하여 교통의 안전성이 확보된다.

③ 길어깨가 넓으면 시계가 넓고 차량의 이동공간이 넓어 안전확보에 용이하다.

④ 물의 흐름으로 인한 노면 패임을 방지한다.

> 해설 곡선도로의 시거가 증가하여 교통의 안전성이 확보된다.

실전문제 66

출입구에 계단이 없고 차체 바닥이 낮으며 경사판이 장착되어 있는 버스는?

① 고상버스
② 저상버스
③ 코치버스
④ 보닛버스

> 해설 버스는 차량 바닥의 높이에 따라 고상버스, 초고상버스, 저상버스로 구분한다. 저상버스는 차체 바닥이 낮고 경사판이 장착되어 있어 주로 교통약자를 위한 시내버스에 이용되고 있다.

정답 62 ③ 63 ④ 64 ① 65 ② 66 ②

실전문제 67

다음 중 버스전용차로 설치에 있어 적절한 것은?

① 편도 4차로 이상의 도로로 전용차로 설치에 문제가 없는 구간
② 전용차로를 설치하고자 하는 구간의 교통정체가 심하지 않은 곳
③ 버스 통행량이 일정 수준 이상이고, 1인 승차 승용차의 비중이 높은 구간
④ 대중교통 운송사업자의 폭넓은 지지를 받는 구간

 해설
① 편도 3차로 이상의 도로로 전용차로 설치에 문제가 없는 구간
② 전용차로를 설치하고자 하는 구간의 교통정체가 심한 곳
④ 대중교통 이용자들의 폭넓은 지지를 받는 구간

실전문제 68

교통카드시스템에서 이용요금을 차감하고 잔액을 기록하는 기능을 하는 것은?

① 충전시스템
② 집계시스템
③ 정산시스템
④ 단말기

해설
단말기는 카드를 판독하여 이용요금을 차감하고 잔액을 기록하는 기능을 한다.

실전문제 69

도심과 외곽을 잇는 주요 간선도로에 버스전용차로를 설치, 급행버스를 운행하게 하는 대중교통시스템은?

① 간선급행버스체계
② 버스운행관리체계
③ 광역버스노선체계
④ 지능형교통체계

해설
간선급행버스체계(BRT ; Bus Rapid Transit)는 요금정보시스템과 승강장 · 환승정류소 · 환승터미널 · 정보체계 등 도시철도시스템을 버스 운행에 적용한 것으로 '땅 위의 지하철'로도 불린다.

실전문제 70

차량고장 시의 조치사항으로 틀린 것은?

① 야간에는 2차 사고를 방지하기 위해 차에서 나온 후 즉시 안전한 곳으로 대피한다.
② 차에서 내릴 때는 옆 차로의 차량 주행상황을 살핀 후에 내린다.
③ 가능하다면 비상등을 점멸시키면서 길어깨에 바짝 차를 대서 정차한다.
④ 비상주차대에 정차할 때는 타 차량의 주행에 지장이 없도록 정차한다.

해설
차량고장 시 후방에 대한 안전조치를 취해야 한다. 특히 야간의 경우 후방에서 접근하는 자동차의 운전자가 확인할 수 있는 위치에 고장자동 차의 표지와 함께 사방 500미터 지점에서 식별할 수 있는 적색의 섬광신호 등을 추가로 설치해야 한다.

실전문제 71

교통사고 발생 시 보험회사나 경찰 등에 알려야 하는 정보가 아닌 것은?

① 운전자의 성명
② 연료 유출 여부
③ 제보자의 성명
④ 사고발생지점 및 상태

해설
교통사고 발생 시 보험회사나 경찰 등에 사고발생지점 및 상태, 부상 정도 및 부상자 수, 회사명, 운전자 성명, 우편물 · 신문 · 여객의 휴대 화물 등의 상태, 연료 유출 여부 등을 보고해야 한다.

정답 67 ③ 68 ④ 69 ① 70 ① 71 ③

실전문제 72

다음 중 교통사고조사규칙에서 규정하는 전도사고는?

① 2대 이상의 차가 동일방향으로 주행 중 뒤차가 앞차의 후면을 충격한 것

② 차가 추월, 교행 등을 하려다가 차의 좌우측면을 서로 스친 것

③ 차가 주행 중 도로 또는 도로 이외의 장소에 차체의 측면이 지면에 접하고 있는 상태

④ 차가 반대방향 또는 측방에서 진입하여 그 차의 정면으로 다른 차의 정면 또는 측면을 충격한 것

해설 좌측면이 지면에 접해 있으면 좌전도, 우측면이 지면에 접해 있으면 우전도라고 한다.

실전문제 73

차내장치를 설치한 버스와 종합사령실을 유·무선 네트워크로 연결해 버스의 위치나 사고 정보 등을 버스회사 운전자 등에게 실시간으로 보내 주는 시스템은?

① ITS   ② BMS

③ BRT   ④ BIS

해설 버스운행관리시스템(BMS ; Bus Management System)은 버스 운행 상황 관제 시스템으로서 배차관리, 안전운행, 정시성 확보 등의 효과를 가능케 한다.

실전문제 74

승객을 위한 이미지 관리에 대한 설명으로 틀린 것은?

① 개인의 이미지는 상대방이 보고 느낀 것에 의해 결정된다.

② 긍정적인 이미지를 만들기 위한 3요소는 눈빛, 목소리, 미소 등이다.

③ 이미지란 개인의 사고방식, 생김새, 태도 등에 대해 상대방이 갖는 느낌이다.

④ 의도하지 않아도 자연스럽게 긍정적인 이미지를 만들 수 있어야 한다.

해설 의도적으로 긍정적인 이미지를 만들 수 있도록 해야 한다.

실전문제 75

교통사고 현장에서의 원인조사 중 사고현장 측정 및 사진촬영을 위해 확인해야 할 사항이 아닌 것은?

① 도로의 시거 및 시설물의 위치 등   ② 사고지점의 위치

③ 신호등 및 신호체계   ④ 사고현장에 대한 가로방향 및 세로방향의 길이

해설 신호등 및 신호체계는 사고현장 시설물조사를 위해 확인해야 할 사항이다.

실전문제 76

중앙버스전용차로의 위험요소가 아닌 것은?

① 우회전하는 일반차량과 직진하는 버스 간의 충돌위험이 발생한다.

② 버스정류소 부근의 무단횡단 가능성이 증가한다.

③ 전용차로의 시작구간 및 종료구간에서 일반차량과 버스 간의 충돌위험이 발생한다.

④ 전용차로 시작 구간에서 일반차량의 직진차로 수 감소에 따른 교통 혼잡이 발생한다.

해설 좌회전하는 일반차량과 직진하는 버스 간의 충돌위험이 발생한다. 도로 구조상 우회전하는 일반차량과 중앙버스전용차로의 버스는 충돌 가능성이 거의 없다.

실전문제 77

복장의 기본원칙에 어긋나는 것은?

① 깨끗하고 단정한 복장을 착용한다.

② 안전운전을 위해 슬리퍼나 샌들 등 편안한 신발을 착용한다.

③ 계절감에 맞고 통일감 있는 복장을 착용한다.

④ 회사의 규정 등에 맞는 복장을 착용한다.

해설   운전을 할 때 편안한 신발을 신되, 샌들이나 슬리퍼는 삼가야 한다.

실전문제 78

사업용 운전자가 가져야 할 기본자세로 틀린 것은?

① 운행 전 심신 상태를 차분하게 진정시켜 냉정하고 침착한 자세로 운전해야 한다.

② 운전 중에는 방심하지 않고 운전에만 집중해야 한다.

③ 교통법규나 규칙은 아는 것으로 끝나는 것이 아니라 실천하는 것이 중요하다.

④ 운전 중에 발생하는 각종 상황에 대해 자신에게 최대한 유리하도록 판단·행동해야 한다.

해설   운전자는 운행 중에 발생하는 각종 상황에 대해 자신에게만 유리한 판단이나 행동은 조심해야 한다. 조그마한 교통상황 변화에도 반드시 안전을 확인한 후 자동차를 조작하도록 한다.

실전문제 79

다음 중 이용거리와 관계없이 일정하게 설정된 요금을 부과하는 요금체계는?

① 구역운임제   ② 균일운임제

③ 거리체감제   ④ 거리운임요율제

해설   단일(균일)운임제는 이용거리와 관계없이 일정하게 설정된 요금을 부과하는 요금체계이다. 마을버스의 경우 균일운임제를 채택하고 있다.

실전문제 80

다음 중 여객자동차 운수사업법에 따른 중대한 교통사고가 아닌 것은?

① 사망자가 2명 이상 발생한 사고   ② 중상자 6명 이상이 발생한 사고

③ 20명 이상의 사상자가 발생한 사고   ④ 화재가 발생한 사고

해설   20명 이상의 사상자가 발생한 사고는 여객자동차 운수사업법이 아닌 교통사고조사규칙에 따른 대형사고이다.

MEMO

MEMO

MEMO

MEMO

버스운전자격시험 3일만에 끝내기 8절
[핵심이론＋핵심문제＋실전모의고사]

발행일 | 2015. 10. 10 초판 발행
　　　　　2020. 5. 25 개정 1판1쇄
　　　　　2021. 8. 10 개정 2판2쇄

저　자 | 교통자격시험연구회
발행인 | 정용수
발행처 | 예문사

주　소 | 경기도 파주시 직지길 460(출판도시) 도서출판 예문사
T E L | 031) 955 - 0550
F A X | 031) 955 - 0660
등록번호 | 11 - 76호

정가 : 12,000원

ISBN 978-89-274-3906-6 13550